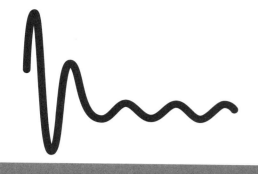

国家出版基金项目
NATIONAL PUBLICATION FOUNDATION

"十三五"国家重点图书出版物出版规划项目

绿色建筑模拟技术应用
Application of Simulation Technologies in Green Buildings

住区热环境
Thermal Environment of Residential Area

孟庆林　赵立华　著
刘加平　董靓　审

知识产权出版社
全国百佳图书出版单位
—北京—

图书在版编目(CIP)数据

住区热环境/孟庆林,赵立华著 .—北京:知识产权出版社,2022.1

ISBN 978-7-5130-8019-4

Ⅰ.①住… Ⅱ.①孟… ②赵… Ⅲ.①居住区—热环境—研究 Ⅳ.①X21

中国版本图书馆 CIP 数据核字(2022)第 006942 号

责任编辑:张　冰　　　　　　　　　　责任校对:谷　洋

封面设计:杰意飞扬·张悦　　　　　　责任印制:刘译文

绿色建筑模拟技术应用

住区热环境

孟庆林　赵立华　著

刘加平　董　靓　审

出版发行	知识产权出版社 有限责任公司	网　　址	http://www.ipph.cn
社　　址	北京市海淀区气象路 50 号院	邮　　编	100081
责编电话	010-82000860 转 8024	责编邮箱	740666854@qq.com
发行电话	010-82000860 转 8101/8102	发行传真	010-82000893/82005070//82000270
印　　刷	三河市国英印务有限公司	经　　销	新华书店、各大网上书店及相关专业书店
开　　本	720 mm×1000 mm　1/16	印　　张	13.25
版　　次	2022 年 1 月第 1 版	印　　次	2022 年 1 月第 1 次印刷
字　　数	240 千字	定　　价	69.00 元

ISBN 978-7-5130-8019-4

"绿色建筑模拟技术应用" 丛书
编写委员会

总　序

　　绿色建筑作为世界的热点问题和我国的战略发展产业，越来越受到社会的关注。我国相继出台了一系列支持绿色建筑发展的政策，我国绿色建筑产业也已驶入快车道。但是绿色建筑是一个庞大的系统工程，涉及大量需要经过复杂分析计算才能得出的指标，尤其涉及建筑物理的风环境、光环境、热环境和声环境的分析和计算。根据国家的相关要求，到2020年，我国新建项目绿色建筑达标率应达到50％以上，截至2016年，绿色建筑全国获星设计项目达2000个，运营获星项目约200个，不到总量的10％，因此模拟技术应用在绿色建筑的设计和评价方面是不可或缺的技术手段。

　　随着BIM技术在绿色建筑设计中的应用逐步深入，基于模型共享技术，实现一模多算，高效快捷地完成绿色建筑指标分析计算已成为可能。然而，掌握绿色建筑模拟技术的适用人才缺乏。人才培养是学校教育的首要任务，现代社会既需要研究型人才，也需要大量在生产领域解决实际问题的应用型人才。目前，国内各大高校几乎没有完全对口的绿色建筑专业，所以专业人才的输送成为高校亟待解决的问题之一。此外，作为知识传承、能力培养和课程建设载体的教材和教学参考用书在绿色建筑相关专业的教学活动中起着至关重要的作用，但目前出版的相关图书大多偏重于按照研究型人才培养的模式进行编写，绿色建筑"应用型"教材和相关教学参考用书的建设远远滞后于应用型人才培养的步伐。为了更好地适应当前绿色建筑人才培养跨越式发展的需要，探索和建立适合我国绿色建筑应用型人才培养体系，知识产权出版社联合中国城市科学研究会绿色建筑与节能专业委员会、中国建设教育协会、中国勘察设计协会等，组织全国近20所院校的教师编写出版了本套丛书，以适应绿色建筑模拟技术应用型人才培养的需要。其培养目标是帮助相关人员既掌握绿色建筑相关学科的基本知识和基本技能，同时也擅长应用非技术知识，具有较强的技术思维能力，能够解决生产实际中的具体技术问题。

　　本套丛书旨在充分反映"应用"的特色，吸收国内外优秀研究成果的成功经验，并遵循以下编写原则：

➤ 充分利用工程语言，突出基本概念、思路和方法的阐述，形象、直观地表达知识内容，力求论述简洁、基础扎实。

➤ 力争密切跟踪行业发展动态，充分体现新技术、新方法，详细说明模拟技术的应用方法，操作简单、清晰直观。

➤ 深入剖析工程应用实例，图文并茂，启发创新。

本套丛书虽然经过编审者和编辑出版人员的尽心努力，但由于是对绿色建筑模拟技术应用型参考读物的首次尝试，故仍会存在不少不足之处。真诚欢迎选用本套丛书的读者提出宝贵意见和建议，以便我们不断修改和完善，共同为我国绿色建筑教育事业的发展做出贡献。

丛书编委会

2018年1月

前　　言

我国的城市建设正处在由快速发展向高质量发展的转型时期，也是我国迈向现代化城市建设的关键历史时期。进入21世纪以来，面对城市的环境更新和改造，我国的城市建设规模空前巨大，无论是开发建设还是更新改造都对建筑技术科学提出了严峻的挑战——如何应对日益变暖的城市气候。

在这样的背景下，住房和城乡建设部在2008年组织立项，开展了城市热环境设计标准的编研工作，但受到城市环境问题复杂性的影响，经过反复论证，确定了以城市开发规模大、对人民群众生活影响大的城市居住区为对象，聚焦城市居住区热环境的设计问题开展设计标准化的研究工作。编制组以华南理工大学为主编单位，在国内十余家相关单位联合研究的基础上，在国际上首次发布了城市居住区热环境设计的强制性国家行业标准，为我国城市建设行业应对气候变化、控制环境变热提供了明确的技术支撑。

城市居住区热环境的设计方法来源于居住区设计要素对热环境影响关系的数学物理解析，这个解析过程还要依靠日益成熟的计算流体力学（Computational Fluid Dynamics，CFD）的帮助。目前有很多依托CFD的商业软件工具可以完成这项工作，行业内部更多人的习惯偏好是像医生看影像学图像一样诊断分析居住区热环境的CFD图像。在强大的计算硬件平台上，CFD的三维甚至加上时间维度的影像结果具有清晰、直观、准确的优点。但是，处于详细规划设计阶段的项目，迫切需要快速、准确地做出设计方案的布局、技术方案的决策，在准确和精准之间，需要的是准确，在准确和快速之间，需要的是快速决策。因此，为了应对这种既要满足快速决策又要具有较高准确性的需求，热环境设计标准编制组采用集总参数法解决这个难题。经过近10年的设计应用，集总参数法解决了许多大型项目在规划决策初期以及详细规划阶段对热环境的评估，对于项目建设快速进行多方案比对，科学合理地选择性价比高的技术措施，发挥了重要作用，其中包括中新广州知识城、雄安新区起步区的热环境设计等，同时也给全国绿色建筑评价提供了热环境调控的标准依据。本书总结了相关研究成果和应用经验，可以作为深度解读和剖析热环境设计方法的参考资料。

但我们也认识到，热环境设计问题具有复杂性，还有很多问题有待深入研究，期待有更加智慧的设计方法被发现和创造出来，直至可以替代目前的集总参数方法。在此之前，我们仍然需要不断完善现有的方法以满足当前高质量且高速度发展的规划设计行业的迫切需要，面对城市微改造以及新材料和新技术的不断更新，也必须要不断更新和发展新模型。目前，针对商业区热环境设计方法已经验证完毕正待发布工程建设标准化协会的标准，而针对工业区环境、岛屿环境、盆地环境、高原环境的集总参数模型还都是未知的；针对特定的环境降温方法扩展基于建筑群热时间常数（Cluster Thermal Time Constant，CTTC）的集总参数模型，其中具有一定成熟度的高科技措施包括大气天窗辐射、外装材料相变换热等，也包括常见的但尚未弄清楚调节规律的机械调风、可调节户外遮阳、喷淋蒸发冷却等，更有诸如城市中处于不同方位的区块之间的热环境相互耦合，不是独立存在的，各区块相对于城市主导风向的布局方式一定和区块热环境之间存在耦合的量化关系，这些问题尚需要有识之士深入探讨，以修正现有模型使其更为准确。

城市热环境调控是应对城市气候变化的重要途径，城市降温是住房和城乡建设领域长期面对的问题，城市环境的过热问题控制得好，可直接减少城区人口的热致发病和死亡率，降低城市抵御高温的能耗，间接降低城市的碳排放。因此，在本书出版之际，我们要向那些长期致力于城市热环境改善的人们表示敬意，从市政道路洒水降温作业的一线工作人员到实验室模拟分析的研究人员，都为遏制当今城市热环境的恶化贡献了力量。同样要感谢为本书的出版做出贡献的出版社编辑人员。希望在大家的共同努力下，我们聚居的环境会更加美好。

本书由孟庆林、赵立华编写，共分为6章，第1章绪论，第2章住区热环境基础知识，第3章住区热环境规定性设计，第4章住区热环境性能性评价，第5章住区热环境分析软件，第6章热环境设计案例。本书的编写获得了西安建筑科技大学刘加平院士和华侨大学董靓教授的充分指导以及北京绿建软件股份有限公司和北京构力科技有限公司的大力支持，在此深表感谢。此外，张磊、李琼、舒力帆、杨小山、郑智娟、陈佳明、陆莎、刘之欣等研究生的部分研究成果收录于本书中，在此一并致谢。

由于对住区热环境的研究尚不充分，我们的理论与知识水平有限，且成书时间较为仓促，在本书中存在不少缺漏及欠妥之处，敬请广大读者批评指正，以便在本书再版时进一步更新与完善。联系邮箱为：lhzhao@scut.edu.cn。

作　者

2021年11月1日

目　　录

1 绪 论

气候变化在全球范围内造成了规模空前的影响，2015年首次出版的《中国极端天气气候事件和灾害风险管理与适应国家评估报告》指出：近60年，我国的气候发生显著变化，高温和暴雨日数大幅增加，极端低温频次明显下降，并预测高温热浪将成为我国未来最主要的极端气候灾害之一[1]。预计到2050年，我国城镇化率将达到70%，随着城市规模的不断扩大，城市热环境问题越来越突出，户外环境过热导致人体热负荷增大，居民心脑血管疾病发病率和死亡率增高，直接影响人们户外活动的热安全性和热舒适度。为了减轻全球变暖和城市热岛效应给城市居民生活带来的负面影响，城市各个尺度的热环境问题受到业界学者的广泛关注，科学的城市建设有助于提升城市气候修复能力。城市居住区热环境（以下简称住区热环境）是城市生态环境的重要组成部分，住区是城市中住宅建筑相对集中布局的地区，是人口高度集中的生活聚居地，更是热害问题的高发地，约占城市用地40%的住区环境越来越热。开展住区热环境设计，具有显著的经济和社会效益。良好的设计可以改善住区的室外热舒适状况，使室外热环境满足居民室外活动的热舒适需求和心理需求，提高室外空间的利用率。同时，住区热环境的改善有利于降低居住建筑能耗，助力"2030年前碳达峰、2060年前碳中和的目标"的实现。

为了合理地规定我国城市居住区的热环境设计目标，规范热环境的设计与评价方法，促进环境友好型居住区的建设。依据《中华人民共和国环境保护法》《中华人民共和国城市规划法》和《中华人民共和国节约能源法》及《城市居住区规划设计规范》（GB 50180—2018）等有关法规，我国2013年颁布了行业标准《城市居住区热环境设计标准》（JGJ 286—2013）[2]，旨在确保城市居住区热环境的安全性，改善和提高居住质量，降低居住建筑能耗。

住区热环境主要是指城市居住区的空气温度分布和人体的热负荷情况，通常采用热岛强度和湿球黑球温度（Wet Bulb Globe Temperature，WBGT）来表征和评价住区热环境。热岛强度是以居住区的空气温度与当地典型气象日气温比较得

1

出逐时温度差。WBGT 是综合评价热环境中人体热负荷的一个基本参量，是由自然湿球温度、黑球温度和空气干球温度的计算而得。

《城市居住区热环境设计标准》（JGJ 286－2013）给出了住区热环境的规定性设计和评价性设计两种方法。规定性设计从住区通风、遮阳、渗透与蒸发、绿地与绿化四个方面提出具体的指标要求和技术措施。评价性设计主要是针对不满足规定性设计要求的设计方案，通过调整设计，加强或采取其他有利做法使得热环境的评价指标能够满足要求，但无论如何调整，平均迎风面积比和场地遮阳覆盖率的要求是影响居住区的热安全性和热舒适性最为敏感的关键性指标，设计必须遵守。

住区热环境设计应在居住区详细规划设计时进行，并应作为详细规划设计阶段方案报建、审查内容之一。目前，各地的居住区普遍存在通风不良、遮阳不足、绿量不够、渗透不强等一系列的影响热环境质量的设计问题，城市规划工作者、建筑设计工作者迫切需要学习专门的知识来了解城市区域的热湿环境，并利用规划设计手段，创造良好的城市热湿环境。本书以住区热环境基本理论为基础，介绍了居住区热环境设计评价方法，并详细说明了规定性设计和评价性设计的指标及计算方法，介绍了住区热环境设计工具 DUTE、TERA、PKPM-TED 等软件，并提供了实际案例，帮助读者更好地学习与掌握建筑住区热环境分析与模拟计算。

2 住区热环境基础知识

城市居住区是最主要的城市用地类型之一。改善居住区热环境，可以有效缓解城市热岛效应，并有效降低整个城市的能源消耗，减少人类对自然资源的使用。合理的建筑设计、布局和下垫面类型，高效美观的绿化形式、植物搭配及水景设置等措施可有效降低住区的热岛效应，使得住区具有清新宜人的室外空气温湿度和适当的风环境及热辐射环境，为人们提供美观、舒适、健康的室外活动环境。同时，通过传导、辐射、对流、自然通风等形式，可以改善建筑围护结构的外表面温度及室内空气温度，进而有效降低建筑的空调采暖能耗。

本章主要介绍住区热环境的基础知识，包括住区热环境的影响因素、设计方法及计算模型、设计参数以及评价指标等内容。

2.1 住区热环境影响因素

住区热环境是城市局地、微热环境的内容之一，对城市局地热环境的研究源于有200多年历史的城市热环境研究。1818年，卢克·霍华德（L.Howard）根据对伦敦市温度场的观察出版了《伦敦气候》一书。此后，世界上许多国家纷纷通过实验研究、理论研究和数值模拟研究等方法开展城市热环境研究。

影响居住区热环境的因素很多，关系也较为复杂。1991年，奥凯（Oke）等指出：下垫面材质和下垫面几何形状是引起城市热岛效应的两个最基本的原因。住区的规划设计是决定城市下垫面几何形状的重要因素。因此，住区热环境与住区的规划设计要素密切相关，包括建筑密度、容积率、建筑架空、建筑迎风面积比等建筑布局因素、室外遮阳和下垫面等景观设计因素，以及使用过程中的空调排热、交通排热等人为排热因素。李琼等对我国湿热地区（广州市）两个典型建筑组团的夏季室外微气候同时进行了33 h连续实测，得到湿热地区典型组团夏季室外微气候的主要特点，同时对湿热地区实际组团的夏季室外热环境进行模拟分析。

研究发现：对于建筑密度、建筑群平均高度、首层架空率及绿地率四个规划设计因子，组团室外行人高度处的平均风速主要受首层架空率、建筑群平均高度及建筑密度的影响，而平均温度主要受绿地率的影响[3]。田喆、朱能、刘俊杰根据实地空气温度的监测数据，运用相关分析法和多元回归分析法，探讨了城市气温与下垫面和人为排热等影响因素之间的关系。研究发现，天津市南开区全天和白天的气温与区域绿化率、水面比率、建筑容积率和人为排热具有较显著的线性相关关系；夜晚的气温仅与人为排热具有较显著的线性相关关系。绿化率和水面比率是五个因素中能够降低城市气温的两个因素。各影响因素对不同时段气温影响的显著性不同，绿化率对白天气温影响最显著，而对夜晚影响不显著；不透水面积比率对白天和夜晚气温的影响都不是最显著的，但其影响较稳定；建筑容积率对白天和夜晚气温的影响都较显著[4]。

总结以往的研究成果，平均天空角系数、迎风面积比、通风阻塞比、通风架空率和遮阳覆盖率、建筑阴影率是影响住区热环境的主要因素，本节将对这些因素分别进行介绍。

2.1.1　平均天空角系数

天空角系数（SVF）与住区热环境存在密切关系，住区的建筑布局、绿化情况不同，其平均天空角系数不同。

天空角系数的计算使用天空向地面逆向分析的求解方法，即假定天空有均匀分布的光源，每个光源均在地面形成建筑阴影，统计地面任何一点对天空可见光源的数量，并求得与总光源数的比值，以此来代表地面对天空的辐射角系数。该方法克服了周围建筑布局、高度和形状等因素的影响，实现了快速计算复杂建筑区域地面的天空角系数。

图2.1是地面某点 O 受周围建筑影响后对天空的辐射范围的示意图。如果没有周围建筑的影响，那么 O 点对天空的视角是一个规则的半球面，它的边界是地平面上的一个圆，圆心就是点 O，采用传统算法很容易知道，O 点对天空的热辐射角系数为1。由于周围建筑对天空的遮挡，O 点对天空的热辐射角系数将会变小，具体的变化情况由 O 点周围建筑具体的布局、高度和形状情况决定。

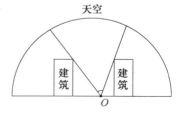

图2.1　天空角系数计算示意

天空角系数算法如下。

假定无穷大的天空有 n 个均匀分布的光源，这些光源均匀地布置在半球空间，都能发出平行光，等效于太阳日照的结果，每个光源在地面形成建筑阴影，那么居住区可以得到 n 种建筑阴影结果。

假定居住区空地有 m 个网格面，分析居住区空地上的第 i 个网格面（F_i）的受影情况，如果 F_i 不处于建筑阴影区，有 x_i 种投影结果，这就说明 F_i 可以接收到 x_i 个光源，即 F_i 的天空角系数为 x_i/n。

对于整个居住区的空地而言，平均天空角系数按式（2.1）计算：

$$\psi_{\text{SVF}} = \frac{1}{m}\sum_{i=1}^{m} x_i/n = \frac{1}{mn}\sum_{i=1}^{m} x_i \tag{2.1}$$

同样，假定天空有 n 个均匀分布的光源，地面面积为 A，并有 m 个网格面。对于天空的第 i 个光源 S_i，非建筑阴影面积占空地的面积比为 y_i，则说明 $m \cdot y_i$ 个网格面可以接收到 S_i。

对于所有的 n 个光源，非建筑阴影面积总和 A_ψ 为

$$A_\psi = A\sum_{i=1}^{n} y_i = \sum_{i=1}^{m} \frac{A}{m} x_i \tag{2.2}$$

由上式可以得出：

$$\sum_{i=1}^{m} x_i = m\sum_{i=1}^{n} y_i \tag{2.3}$$

综上所述：

$$\psi_{\text{SVF}} = \frac{1}{mn}\sum_{i=1}^{m} x_i = \frac{1}{mn} m\sum_{i=1}^{n} y_i = \frac{1}{n}\sum_{i=1}^{n} y_i \tag{2.4}$$

可以简化居住区整体平均天空角系数为

$$\psi_{\text{SVF}} = \frac{1}{n}\sum_{i=1}^{n}(1 - f_{\text{PSA}\cdot i}) \tag{2.5}$$

式中　ψ_{SVF}——居住区平均天空角系数；

　　　　n——无穷大的天空均匀分布的假定光源个数，取 324 个；

　$f_{\text{PSA}\cdot i}$——第 i 个假定光源照射时的建筑阴影率，%，$i = 1, 2, \cdots, n$。

2.1.2　迎风面积比

风是室外热环境的主要因素之一。入口建筑迎风面积比、出口建筑迎风面积比等评价指标在 2005 年被郑智娟用来研究广州地区围合式住宅组团室外风环境。小区内风的流动与分布情况相当复杂，难以得出个别或几个小区规划因子与风环境设计的线性关系，但影响围合式小区室外风环境的主要因素是风的流线、小区

的朝向和开口以及迎风面建筑联体垂直于风向的投影面积和宽度[5]。《城市居住区热环境设计标准》（JGJ 286－2013）定义了迎风面积比，且对不同气候区住区的迎风面积比做出了强制性规定[2]。

迎风面积比（frontal area ratio，ζ_s）是建筑物在设计风向上的迎风面积与其最大可能迎风面积的比值，如图2.2所示。迎风面积 F_{yf} 是指建筑物在某一风向（一般为夏季主导风向）上的投影面积，以它近似地代表建筑物挡风面的大小，当风向不变时，随着建筑的旋转总能够有一个最大的迎风面积 $F_{yf \cdot max}$，但这个最大迎风面积不一定是实际迎风面积，所以称之为最大可能迎风面积。最大可能迎风面积是一个只与建筑物设计体量有关的量，与风向无关。

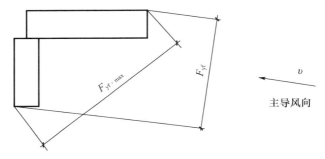

图2.2　迎风面积比示意

迎风面积比按式（2.6）计算，它是一个大于0且小于1的数。当建筑物是圆形平面时，迎风面积比近似等于1。迎风面积比越小，对风的阻挡面越小，越有利于环境通风。回归分析发现，环境的平均风速与迎风面积比之间有较高相关度的线性关系。迎风面积比与风向有关，一栋建筑对应一个风向，只有一个迎风面积比。

$$\zeta_{s \cdot i} = \frac{F_{yf \cdot i}}{F_{yf \cdot i \cdot max}} \tag{2.6}$$

式中　　$\zeta_{s \cdot i}$——某栋建筑主导风向的迎风面积比；

　　　　$F_{yf \cdot i}$——该栋建筑主导风向的迎风面积，m^2；

　　　　$F_{yf \cdot i \cdot max}$——该栋建筑的最大可能迎风面积，m^2。

当居住区有多栋建筑时，居住区或设计地块范围内各个建筑物的迎风面积比的平均值定义为平均迎风面积比（average ratio of frontal area，$\bar{\zeta}_s$），按式（2.7）计算：

$$\bar{\zeta}_s = \frac{1}{m} \sum_{i=1}^{m} \zeta_{s \cdot i} \tag{2.7}$$

式中　　$\bar{\zeta}_s$——设计地块范围内所有建筑在主导风向下的平均迎风面积比；

　　　　$\zeta_{s \cdot i}$——设计地块范围内第 i 栋建筑在主导风向下的迎风面积比；

m——设计地块范围内建筑的个数。

实际上，由于建筑组团中上风向建筑物的挡风作用会造成下风向建筑物迎风面积比的不确定，若后排建筑接受的是局地风，风向、风速都发生了变化，它的迎风面积比仍按照来流风向确定是不够准确的，但这样计算有一点可以肯定，即在组团布局确定后，组团的平均迎风面积比一定是随风向在 0 到 1 之间变化，组团建筑群设计布局形式与环境通风效果之间，可以通过组团的平均迎风面积比建立相关性，使问题得到简化。因此，评价建筑群通风，其平均迎风面积比取为每栋建筑的迎风面积比的算术平均值。

相关研究发现，建筑群平均迎风面积比有如下性质：①对应一个风向，只有一个平均迎风面积比；②当体积阻塞比一定时，平均迎风面积比只与布局方式有关；③单风向的建筑群平均风速与平均迎风面积比线性相关。平均迎风面积比 $\bar{\zeta}_s$ 是影响住区热环境的关键因素之一，也是《城市居住区热环境设计标准》（JGJ 286—2013）的强制性要求之一。

2.1.3 通风阻塞比

建筑物对来流风的阻碍和聚集作用，以及太阳辐射照射到建筑表面导致住区建筑各表面存在温差而形成自然对流，共同造成了住区内部的流场。住区内部的空气流通效果主要受建筑布局、建筑密度和建筑高度的影响。《城市居住区热环境设计标准》（JGJ 286－2013）引入体积阻塞比、通风阻塞比作为定量化指标，对住区外部空间形态进行描述[2]。

影响居住区风环境的设计因素除迎风面积比外，还有建筑物的体量。当按照居住区建筑平均高度（average building height，$\bar{H}$）确定居住区空间体积时，建筑物的体积阻塞比在数值上等于建筑密度。建筑密度（building density，building coverage ratio）是项目用地范围内所有建筑的基底总面积与规划建设用地面积之比（％），可以反映出一定用地范围内的空地率和建筑密集程度，也反映了建筑物的覆盖率。

建筑平均高度是指居住区内地上建筑总体积与建筑基底总面积之比值，单位为 m。体积阻塞比是一个与风向无关的量，描述建筑群体量大小对风场的整体阻塞水平。单独使用体积阻塞比无法判断在单一风向下建筑群内的平均风速变化，需要与迎风面积比组合才能描述单一风向的居住区平均风速变化。

体积阻塞比（building volume ratio，ζ_v）定义为在以建筑平均高度确定的居住区空间体积内，建筑物总体积所占比值。体积阻塞比在数值上等于建筑密度，即容积率与建筑平均层数之比值。建筑平均层数（average building floors，$\bar{n}$）是住区内地上建筑总面积与建筑基底总面积之比值，单位为层。

通风阻塞比（ventilation volume ratio，ζ）定义为在以建筑平均高度计算的居住区空间内，由建筑物的体量和迎风面积决定的阻碍居住区整体通风能力的参数，为体积阻塞比与平均迎风面积比的乘积。通风阻塞比作为居住区风环境设计评价指标，是综合考虑风向、阻塞能力两个因素对风速影响的设计指标。其计算方法如式（2.8）所示。

$$\zeta = \bar{\zeta}_s \zeta_V = \bar{\zeta}_s \chi \tag{2.8}$$

式中　ζ——通风阻塞比；

　　　ζ_V——体积阻塞比；

　　　χ——建筑密度。

2.1.4　通风架空率

通风架空率（ventilation area ratio，κ）是架空层中，净高超过2.5 m的可穿越式通风部分的建筑面积占建筑基底面积的比率（%）。一栋建筑的通风架空率等于本建筑中可穿越式通风的架空层建筑面积F_κ占建筑基底面积F_B的比率（%）。其中，可穿越式通风的架空层除底层外，也包括18 m高度以下各层中可穿越式通风的架空楼层的建筑面积。当一栋建筑的通风架空率大于100%时，取$\kappa = 100\%$。如图2.3所示，通风架空率按式（2.9）计算。

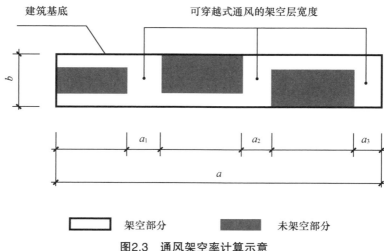

图2.3　通风架空率计算示意

$$\kappa_i = \frac{(a_1 + a_2 + a_3)b}{ab} \times 100\% \qquad (2.9)$$

式中 κ_i——某栋建筑的通风架空率。

对于有 m 栋建筑的居住区，通风架空率应为各栋建筑通风架空率的算术平均值，即

$$\kappa = \frac{1}{m}\sum_{i=1}^{m}\kappa_i \qquad (2.10)$$

式中 κ——设计地块范围内所有建筑的平均通风架空率；

κ_i——设计地块范围内第 i 栋建筑的通风架空率。

2.1.5 遮阳覆盖率

对于居住区内硬化的人活动场地，由人工构筑物和绿化提供的遮阳面积所占的比率越高，则该活动场地的热舒适性就会越高，场地的利用率越高，反之越差。遮阳覆盖率（shading coverage rate，f）是在居住区的广场、人行道、游憩场、停车场等特定场地的硬化地面范围内，遮阳体正投影面积总和占该场地硬化地面面积的比率（%）。

户外活动场地主要包括广场、人行道、游憩场、停车场四类，应分别计算其遮阳覆盖率。同时，应以空地遮阳覆盖率来评价居住区空地整体的遮阳覆盖水平。

2.1.6 建筑阴影率

在日间，随着太阳辐射的增强，建筑密度越大，建筑阴影率就越大，同时空气温度变低、热岛强度变小。建筑阴影率（shadow rate of building，f_{PSA}）是指居住区设计地块范围内，某一特定时刻，建筑的阴影面积占地块总面积的比率（%）。

建筑阴影率计算示意图如图2.4所示。建筑外轮廓的各个顶点分别作为一个标杆，根据标杆所处位置的经纬度和计算时刻确定太阳方位角，按式（2.11）计算获得标杆投影的位置，将建筑外轮廓所有标杆的投影连线就形成一个该时刻的建筑的投影面。

$$L = H\cot h \qquad (2.11)$$

式中 L——影长，m；

H——杆高，m；

h——太阳高度角。

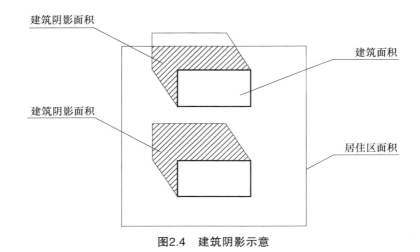

图2.4　建筑阴影示意

2.2　住区热环境设计方法及计算模型

　　住区热环境主要与气象情况、绿化率、水面比率、建筑容积率、下垫面性质和人为排热等因素有关，因此热环境问题要在规划设计阶段考虑，采取有针对性的减缓措施，才可以从根源上改善住区热环境问题，也使规划真正成为环境友好型的规划，符合当前人们美好生活追求下对规划领域的要求，使规划设计理念和价值追求朝向更加合理、科学的方向发展。住区热环境设计应在居住区详细规划设计阶段进行，并应作为详细规划设计方案报建、审查的内容之一。

　　住区热环境的定量评价可以通过实验观测和数值模拟计算两种方法实现。住区热环境设计是在居住区详细规划设计阶段对设计方案的优化分析，因此只能采用数值模拟计算的方法。目前，住区热环境的数值模拟计算方法有分布参数法和集总参数法两大类。分布参数法是在计算流体力学技术的基础之上发展起来的，基于计算流体力学理论对居住区热环境的对流、导热和辐射换热进行耦合计算，得到居住区热环境的预测结果，可评价多种规划和建筑设计因子对小区内热环境评价指标的影响。集总参数法是一种忽略物体内部热阻的简化分析方法，认为物体内部温度仅仅是时间的一元函数而与空间位置无关[6]。居住区热环境的集总参数法计算模型的主要研究对象是建筑物周围空气，将建筑物周围的空气看作一个内部不存在温差的物体，简化空气流动对传热的影响，分析其热平衡，预测平均温度随时间推移的变化规律。这类方法的研究主要集中在分析建筑周边的热平衡，研究重点在传热过程，简化考虑流动对传热的影响[7]。

两种方法对比,分布参数法的优点是准确、详尽,但采用CFD方法模拟居住区热环境是一个相对复杂的过程,计算边界的选取、计算网格的划分、边界条件的确定均具有一定的难度,而且计算量大,所耗费的时间也相对较长,相关软件操作烦琐,对专业知识要求高,不能与建筑师、规划师熟知的CAD软件直接链接,无法与建筑规划设计同步进行。相对而言,集总参数法具有运算速度快、简明实用的优点,适合在工程上使用。本书主要介绍以集总参数法进行热环境设计,当采用分布参数计算方法计算室外热岛强度时,应符合《民用建筑绿色性能计算标准》(JGJ/T 449—2018)[8]等规范的相关规定。

2.2.1 相关标准对居住区热环境设计的要求

1. 城市居住区规划设计要求

我国的《城市居住区规划设计标准》(GB 50180—2018)[9]对住区热环境有原则性和定量的规定。城市居住区规划设计应遵循创新、协调、绿色、开放、共享的发展理念,营造安全、卫生、方便、舒适、美丽、和谐以及多样化的居住生活环境。特别是居住区规划设计应尊重气候及地形地貌等自然条件,并应塑造舒适宜人的居住环境,综合考虑日照、采光、通风、管线埋设、视觉卫生、防灾等要求,统筹确定住宅建筑与相邻建、构筑物的间距,以强制性条文的形式规定了住宅建筑的日照标准(见表2.1)。并且规定老年人居住建筑的日照标准不应低于冬至日日照时数2 h;在原设计建筑外增加任何设施不应使相邻住宅原有日照标准降低,既有住宅建筑进行无障碍改造加装电梯除外;旧区改建项目内新建住宅建筑日照标准不应低于大寒日日照时数1 h。

表2.1 住宅建筑日照标准[9]

建筑气候区划	I、II、III、VII气候区		IV气候区		V、VI气候区
城区常住人口/万人	≥50	<50	≥50	<50	无限定
日照标准日	大寒日			冬至日	
日照时数/h	≥2		≥3		≥1
有效日照时间带(当地真太阳时)	8时~16时			9时~15时	
计算起点	底层窗台面				

注:底层窗台面是指距室内地坪0.9 m高的外墙位置。

依据日照时数确定的建筑间距的最小要求,是长期以来我国住区规划设计必须遵循的条文。建筑间距也直接影响到住区的通风和接收到的太阳辐射。

2. 城市居住区热环境设计要求

在项目规划设计时，应充分考虑场地内热环境的舒适度，采取有效措施改善场地通风不良、遮阳不足、绿量不够、渗透不强等一系列的问题，降低热岛强度，提高环境舒适度。《城市居住区热环境设计标准》（JGJ 286—2013）对居住区详细规划阶段的热环境设计进行了规定，给出了设计方法、指标、参数。城市居住区热环境设计可采用规定性设计方法或评价性设计方法，只要满足其中一种设计方法的要求即可。规定性设计是对居住区热环境按通风、遮阳、渗透与蒸发、绿地与绿化的规定性指标要求进行设计的方法。评价性设计是当居住区热环境设计不能完全满足规定性设计要求时，通过优化调整通风、遮阳、渗透与蒸发、绿地与绿化的设计方案，使居住区热环境的设计指标符合规定要求的设计。居住区热环境设计流程如图2.5所示。

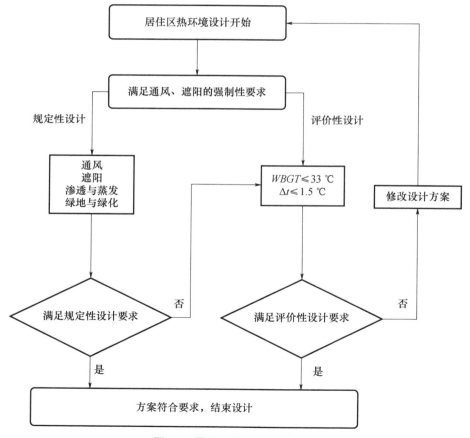

图2.5 居住区热环境设计流程

3. 绿色建筑要求

自20世纪90年代绿色建筑概念引入，我国相继颁布了相关纲要、导则和法规，大力推动绿色建筑的发展。2006年，住房和城乡建设部正式颁布了《绿色建筑评价标准》（GB/T 50378—2006）[10]（以下简称国家绿标2006）。绿色建筑评价是一项重要且长远的工作，需要不断更新升级，在2014年和2019年，《绿色建筑评价标准》经过两次修订，分别为《绿色建筑评价标准》（GB/T 50378—2014）[11]（以下简称国家绿标2014）和《绿色建筑评价标准》（GB/T 50378—2019）[12]（以下简称国家绿标2019）。目前，我国绿色建筑发展正在迈向高质量发展阶段。

绿色建筑是在全寿命期内，节约资源、保护环境、减少污染，为人们提供健康、适用、高效的使用空间，最大限度地实现人与自然和谐共生的高质量建筑。其内涵是：规划、设计阶段充分考虑并利用环境因素，运行阶段能为人民提供舒适、节能、环境友好的工作和居住空间，拆除后对环境危害最低，并在整个生命期中，通过降低物质和能量的消耗减少各种废物的产生，实现与环境和谐共生的建筑。

建筑环境质量与场地热环境密切相关，因此《绿色建筑评价标准》一直有与室外热环境相关的规定。各版本关于热环境的规定汇总于表2.2。

表2.2　《绿色建筑评价标准》对室外热环境的要求

标准发布年份	2006[10]	2014[11]	2019[12]
控制项			8.1.2　室外热环境应满足国家现行有关标准的要求
得分项（一般项）	4.1.12　住区室外日平均热岛强度不高于1.5℃	4.2.7　采取措施降低热岛强度，评价总分值为4分，并按下列规则分别评分并累计： 1.红线范围内户外活动场地有乔木、构筑物等遮阴措施的面积达到10%，得1分；达到20%，得2分。 2.超过70%的道路路面、建筑屋面的太阳辐射反射系数不小于0.4，得2分 4.2.13　3.硬质铺装地面中透水铺装面积比例达到50%，得3分	8.2.5　4.硬质铺装地面中透水铺装面积比例达到50%，得3分 8.2.9　采取措施降低热岛强度，评价总分值为10分，按下列规则分别评分并累计： 1.场地中处于建筑阴影区外的步道、游憩场、庭院、广场等室外活动场地设有乔木、花架等遮阴措施的面积比例，住宅建筑达到30%，公共建筑达到10%，得2分；住宅建筑达到50%，公共建筑达到20%，得3分。 2.场地中处于建筑阴影区外的机动车道，路面太阳辐射反射系数不小于0.4或设有遮阴面积较大的行道树的路段长度超过70%，得3分。 3.屋顶的绿化面积、太阳能板水平投影面积以及太阳辐射反射系数不小于0.4的屋面面积合计达到75%，得4分

13

标准发布年份	2006[10]	2014[11]	2019[12]
提高与创新项（优选）	5.1.14 室外透水地面面积比大于或等于40%		9.2.4 场地绿容率不低于3.0，评价总分值为5分，并按下列规则评分： 1.场地绿容率计算值不低于3.0，得3分。 2.场地绿容率实测值不低于3.0，得5分

热环境直接影响人们户外活动的热安全性和热舒适度。现行《绿色建筑评价标准》（GB/T 50378—2019）以控制项的形式要求城市居住区项目按现行行业标准《城市居住区热环境设计标准》（JGJ 286—2013）进行热环境设计。

而对于星级绿色建筑，在住区热环境方面又以得分项和提高与创新项提出了降低热岛强度和场地绿容率的要求。在场地生态与景观方面提出的绿色雨水基础设施的相关透水铺装的规定，也是有助于改善住区热环境的。相关的具体措施将结合本书的相关章节展开。

2.2.2 CTTC模型

建筑群热时间常数（Cluster Thermal Time Constant，CTTC）模型是一种集总参数模型，最初是由H.Swaid和M.E.Hoffman等人在1986年提出的用于预测和评价建筑物、城市设计特征、街道走向、人为排热等对城市覆盖层内热环境影响的解析模型[13]。CTTC模型是建立在热平衡的基础上，使用建筑群热时间常数的方法来计算局部建筑环境的空气温度随外界热量扰动的变化情况，且模型方便、有效，比较适合用于工程预测和评价。

原始的CTTC模型使用建筑群热时间常数的方法来分析局部建筑环境的空气温度随外界热量扰动的变化情况，可用于计算城市街谷空气温度（见图2.6）。它将户外空气温度视为几个独立过程温度效应的叠加[13]，用公式表示如下：

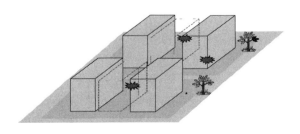

图2.6 CTTC模型示意

$$t_a(\tau) = t_b + \Delta t_{sol}(\tau) - \Delta t_{lw}(\tau) \tag{2.12}$$

式中　$t_a(\tau)$——τ时刻所研究地点的空气温度，即建筑群空气温度，℃；

　　　t_b——局部空气温度变化的基准（背景）温度，一般为郊区的日平均温度，℃；

　　　$\Delta t_{sol}(\tau)$——建筑群τ时刻吸收太阳辐射热引起的空气温升，℃；

　　　$\Delta t_{lw}(\tau)$——τ时刻长波辐射引起的空气温降，℃。

原始CTTC模型考虑了建筑遮挡系数、人为排热、下垫面材料性质等相关参数对地表及空气温度的影响。H.N.Swaid和M.E.Hoffman在耶路撒冷选择三个"峡谷"进行了实验，验证了原始CTTC模型的准确性。[13]

1997年，M.M.Elnahas和T.J.Williamson在原始CTTC模型的基础上提出了改进的CTTC模型，改进的思想表现在：将通常位于市郊的气象站测量的逐时气温作为输入温度，通过比较气象站和待计算建筑群的建筑几何特征、规划、人为排热等因素造成的热量收支差异，计算这些差异给这两种下垫面上方空气温度带来的差别，通过气象站的实测温度以及计算的温度差值得到待计算建筑群空气温度。同时，他们还提出了基于农作物研究的绿地蒸发散热模型[14]。

根据改进的CTTC模型，增加气象站温度$t_a(\tau)_{met}$的计算式[9]：

$$t_a(\tau)_{met} = t_b + \Delta t_{sol}(\tau)_{met} - \Delta t_{lw}(\tau)_{met} \tag{2.13}$$

式中　$t_a(\tau)_{met}$——τ时刻气象站处的空气温度，℃；

　　　$\Delta t_{sol}(\tau)_{met}$——$\tau$时刻气象站处吸收太阳辐射热引起的空气温升，℃；

　　　$\Delta t_{lw}(\tau)_{met}$——$\tau$时刻气象站处长波辐射引起的空气温降，℃。

由式（2.12）、式（2.13）可推导出：

$$t_a(\tau) = t_a(\tau)_{met} + [\Delta t_{sol}(\tau) - \Delta t_{sol}(\tau)_{met}] - [\Delta t_{lw}(\tau) - \Delta t_{lw}(\tau)_{met}] \tag{2.14}$$

这样，城市建筑群空气温度$t_a(\tau)$可以用气象站温度加上气象站和建筑群两地因太阳辐射和长波辐射造成温差的差值表示。由于气象站处的空气温度是经过逐时精确测量的，所以就避免了因基准温度选取不准而导致的误差。

Elnahas和Williamson在阿德莱德大学北校区两个"峡谷"进行的实验显示出改进的CTTC模型与实测结果具有很好的吻合性。[14]

2002年Limor Shashua-Bar和M.E.Hoffman提出绿色CTTC模型，解决了将乔木引入CTTC模型计算的难题。绿色CTTC模型将乔木的遮阳降温效果等效为乔木与空气对流换热量的衰减，并对11个街谷进行了空气温度的测试，测试结果与计算结果比较接近。[15]乔木对室外热环境的影响主要体现在三个方面[15]：

（1）树冠的遮阳效果，这是乔木对热环境的影响的主要体现。

（2）树冠蒸腾作用消耗的太阳辐射。

（3）树冠蓄热量的变化。

用公式表达单位时间内树冠热平衡如下：

$$\Delta Q(\tau) = \Delta Q_E(\tau) + \Delta Q_P(\tau) + \Delta Q_H(\tau) \qquad (2.15)$$

$$\Delta Q(\tau) = Q(\tau + 1) - Q(\tau) \qquad (2.16)$$

式中　　$Q(\tau)$——τ时刻树冠吸收的太阳辐射能量，它等于落在树冠上空全部太阳辐射能量减去反射与通过的太阳辐射能量，W；

　　　　$Q_E(\tau)$——蒸发消耗的太阳辐射能量，W；

　　　　$Q_P(\tau)$——植被蓄热，W；

　　　　$Q_H(\tau)$——植被与周围空气的对流换热，W。

2000年，林波荣、李莹等学者对CTTC模型做了进一步的改进，考虑了不同建筑形态对建筑群空气温度的影响，突破了二维计算的限制，建立了预测建筑群温度的三维集总参数模型。[19]2004年，陈志、胡汪洋等人则采用CTTC模型计算出地表温度分布作为地面温度边界条件，从而进一步完善计算微气候环境的模型和方法[17]。2009年，舒力帆在原始CTTC模型的基础上，通过对比分析CTTC模型、改进型CTTC模型和绿色CTTC模型的预测结果与实际测试结果，采用绿色CTTC模型，植被蒸发散热模型，以及基于地表温度计算的水体、透水砖等蒸发散热模型对地表吸收的太阳辐射进行修正，对CTTC模型进一步改进。利用这一改进的CTTC模型对某建筑群室外空气温度进行模拟，将计算结果与实测结果进行了对比，相对误差在3%以内，验证了该模型的可行性。[18]这个模型被《城市居住区热环境设计标准》（JGJ 286—2013）采用来计算居住区逐时平均空气温度。

2.2.3　CTTC模型的应用

CTTC模型以城市的物理模式为基础，具有较好的实用性，被我国学者用来分析住区热环境。

林波荣等利用改进型CTTC模型计算了住区不同位置的建筑群空气温度。输入住区的建筑间距、建筑高宽比、小区特征高度等建筑布局参数以及小区户数、不同区域内的风速及绿化率、人为排热及水景设施参数等，得到了各小区的平均热岛强度，定量分析了各因素对小区热环境的影响。[19]

陈玖玖等利用改进的适合三维小区的CTTC模型分析了北京地区不同的建筑面积、建筑形状、建筑密度、绿化率等工况对小区热环境的影响。结果表明，建筑面积对建筑群热环境影响较大，在建筑面积一定的情况下，改变建筑形状（长度、宽度、高度及组合排列）对建筑群热环境的温度影响并不大。[20]

王菲、肖勇全以CTTC模型为基础，模拟了济南某小区在四种不同工况下太阳辐射引起的建筑群温升情况，比较了建筑密度、下垫面材料、风速对建筑群温升的影响。结果表明，改变下垫面材料和增强自然通风可改善城市热岛效应。[21]孙越霞等将CTTC模型和STTC（Surface Thermal Time Constant，地表热时间常数）模型应用于南京市的2个居住区，对热岛强度所做的预测表明，当建筑物的相对高度增加40％时，白天最大温降达到1.9℃，夜间最大温升达到1.7℃。对于街道或居住区等以绿化为调节因子的区域，当植被覆盖率超过40％时，绿化带的调节作用已无明显变化。[22]

2.3 住区热环境设计参数

2.3.1 住区热环境设计气候分区

我国土地广阔，地形复杂，由于地理纬度、地势等条件的不同，各地气候相差悬殊。不同的气候条件对住区热环境提出了不同的设计要求。气候是由具有复杂机制的各种气候要素交互作用所形成的，所以没有一个能够适用于所有地方、所有使用目的、对气候特性有完整无遗描述的气候分类系统。我国在建筑领域主要有两种气候分区方法：一种是《建筑气候区划标准》（GB 50178—1993）[23]给出的建筑气候区划，另一种是《民用建筑热工设计规范》（GB 50176-2016）[24]给出的建筑热工设计区划。

建筑气候区划以累年1月和7月平均气温、7月平均相对湿度等作为主要指标，以年降水量及年日平均气温≤5℃和≥25℃的天数等作为辅助指标，将我国划分为7个主气候区，20个子气候区。

建筑热工设计区划以累年最冷月（即1月）和最热月（即7月）平均温度作为分区主要指标，以累年日平均温度≤5℃和≥25℃的天数作为辅助指标，将全国划分成5个一级区划，11个二级区划，并提出相应的建筑热工设计原则。建筑热工设计区划和建筑气候一级区划的主要分区指标一致，因此，两者的区划是相互兼容、基本一致的。建筑气候区划与建筑热工设计区划的对比如表2.3所示。建筑热工设计区划中的严寒地区包含建筑气候区划中的全部Ⅰ区，以及Ⅵ区中的ⅥA、ⅥB和Ⅶ区中的ⅦA、ⅦB、ⅦC；寒冷地区包含建筑气候区划中的全部Ⅱ区，以及Ⅵ区中的ⅥC和Ⅶ区中的ⅦD；夏热冬冷、夏热冬暖、温和地区与建筑气候区划

中的Ⅲ、Ⅳ、Ⅴ区完全一致。《民用建筑设计统一标准》（GB 50352—2019）结合
建筑气候区划与建筑热工区划，对各个子气候区的建筑设计提出了不同的要求[25]。

表2.3 建筑气候区划与建筑热工设计区划对比[23,24]

建筑气候区划名称		建筑热工区划名称	建筑气候区划主要指标
Ⅰ	IA IB IC ID	严寒地区	1月平均气温≤−10 ℃ 7月平均气温≤25 ℃ 7月平均相对湿度≥50%
Ⅱ	ⅡA ⅡB	寒冷地区	1月平均气温−10～0 ℃ 7月平均气温18～28 ℃
Ⅲ	ⅢA ⅢB ⅢC	夏热冬冷地区	1月平均气温0～10 ℃ 7月平均气温25～30 ℃
Ⅳ	ⅣA ⅣB	夏热冬暖地区	1月平均气温＞10 ℃ 7月平均气温25～29 ℃
Ⅴ	ⅤA ⅤB	温和地区	1月平均气温0～13 ℃ 7月平均气温18～25 ℃
Ⅵ	ⅥA ⅥB	严寒地区	1月平均气温−22～0 ℃ 7月平均气温<18 ℃
	ⅥC	寒冷地区	
Ⅶ	ⅦA ⅦB ⅦC	严寒地区	1月平均气温−20～−5 ℃ 7月平均气温≥18 ℃ 7月平均相对湿度<50%
	ⅦD	寒冷地区	

建筑气候区划反映的是建筑与气候的关系，主要体现在各个气象基本要素的
时空分布特点及其对建筑的直接作用等方面，适用范围更广，涉及的气候参数更
多。建筑热工区划反映的是建筑热工设计与气候的关系，主要体现在气象基本要
素对建筑物及围护结构的保温隔热设计的影响等方面，考虑的因素较建筑气候区
划少且较为简单；建筑热工设计区划主要是针对建筑热工设计原则，即建筑的冬
季保温要求和夏季防热要求。因此，居住区热环境设计按我国建筑气候区划对不
同气候区进行研究和规定。

2.3.2 典型气象日

居住区所在城市的气象条件，因城市类型、城市规模、发达程度以及城市发展规划等影响是动态变化的，居住区所在地的气象条件也因用地区位、周围环境等不同而差异很大。居住区热环境是在城市气候背景下形成的，城市气候用典型气象年气候表示，考虑到住区热环境设计工作量的简化，以最不利季节（冬季、夏季）的典型气象日（1月代表日、7月代表日）作为设计控制依据。

典型气象年（Typical Meteorological Year，TMY）是以近30年的月平均值为依据，从近10年的数据中选取一年各月接近30年的平均值作为典型气象年。夏季最热月为7月，冬季最冷月为1月。典型气象日（Typical Meteorological Day，TMD）是在典型气象年中选取的代表季节气候特征的一日。典型气象年最热月（或最冷月）中的温度、日较差、湿度、太阳辐射照度的日平均值与该月平均值最接近的一日，称为夏季（或冬季）典型气象日。具体的步骤是：先在典型气象年中挑出最接近月平均温度、日较差的若干日作为候选的典型日，再比较日太阳总辐射最接近月平均值且逐时分布形态基本均匀者，确定为典型气象日。

典型气象年已广泛应用于我国建筑节能领域，典型气象日是从典型气象年中按一定原则选定的，能够反映当地长期以来全年最热月和最冷月的气候水平，因此，选择典型气象日作为城市住区热环境设计的基础依据是科学可行的，有利于建筑热环境设计和住区热环境设计的参数对接。一方面为住区热环境对比评价提供参照基准，另一方面也为住区热环境设计指标计算提供基础参数。

典型气象日的气象参数是一组逐时参数，包括干球温度、相对湿度、水平总辐射照度、水平散射辐射照度、风速、主导风向等，是居住区所在城市的气象站观测的气象参数，它是在气象站周围环境作用下通过气象参数之间以及气象参数与环境条件之间耦合形成的。气象台站的场地和环境建设条件相对规范，观测过程基本不会受到周围建筑条件变化的影响，气象参数之间的耦合规律相对稳定，可反映所在地城市热环境的基准水平。在进行居住区热环境评价性设计时，将对应不同的季节，取用典型日的一组完整的气象参数作为设计的基础气象参数，逐时进行设计计算，从而才能得到所设计居住区的热环境数据。

我国地域辽阔，有700多个城市，在行业标准中给出全部城市的典型气象日不仅工作量是巨大的，也是不现实的，因为有些城市的气象基础数据是缺失的。因此，以31个省会城市和直辖市作为代表性城市给出了典型日的逐时气象参数，其他城市按其所在的二级气候区划的代表城市确定典型气象日，在同一个二级气候区内选出一个城市作为本二级气候区确定典型气象日的代表城市。这主要是考虑到省会城市和直辖市的城市规模相对较大，即便在同一个二级气候区内城市气候的差别也较大，故而单独对其确定典型气象日。二级气候区代表城市的选取原则是在《建筑气候区划标准》（GB 50178—1993）的20个二级气候区划中，以最冷月、最热月的平均温度和日较差最接近平均值的站点作为代表本二级气候区的代表城市。因此，全国有51个用于确定典型气象日的代表城市，典型气象日的数据覆盖所有的二级气候区。在进行住区热环境评价性设计时，住区热环境计算气象参数应采用所在城市或所在气候区代表城市典型气象日的逐时气象参数，包括逐时干球温度、相对湿度、水平总辐射照度、水平散射辐射照度、风速、主导风向六个参数。省会城市和直辖市的夏季典型气象日气象参数见附录A中的附表A.1，二级气候区的夏季典型气象日气象参数见附录A中的附表A.2。

2.4 住区热环境评价指标

住区热环境的评价性设计采用平均热岛强度和湿球黑球温度两个指标。平均热岛强度的计算需首先计算居住区逐时平均空气温度，居住区设计平均风速既能说明住区的通风情况，同时也是计算居住区逐时平均空气温度的输入条件。因此，住区热环境评价指标主要是居住区设计平均风速、居住区逐时平均空气温度、平均热岛强度和湿球黑球温度四个指标。

2.4.1 居住区设计平均风速

对于室外的人体热舒适来说，距地面2 m以下高度空间的风速分布是最重要的，而这个区域的流场受住区布局的影响最大。通常，与郊区相比，城市和建筑群内的风速较低，但空气会在建筑群（特别是高层建筑群）内产生局部高速流动。考察人在环境中是否感到舒适，风速是一个相关的重要指标。只有达到一定的风速，才能使人产生凉爽的感觉。一般来说，环境温度越高，人体的有感风速就越高。当环境温度为12 ℃时，人体感知风速最低值为0.15 m/s；当环境温度为15～18 ℃时，人体感知风速最低值为0.2 m/s；当环境温度为30 ℃时，人体感知风速最低值为0.6 m/s。表2.4列出了平均风速对人体的影响效果。

表2.4 平均风速对人体的影响效果[26]

名称	平均风速/(m/s)	陆上地物征象	对人体的影响
无风	0.0～0.2	静,烟能直上	无感
软风	0.3～1.5	烟能表示风向,树叶略有摇动	不易察觉
轻风	1.6～3.3	人面感觉有风,树叶微响	扑面的感觉
微风	3.4～5.4	树叶及小树枝摇动不息	头发吹散

不同地区的人们在住区中不同季节活动形式的不同,决定了考察风环境质量时选择的标准不同。《绿色建筑评价标准》(GB/T 50378—2019)分别对住区风环境和住区热环境提出要求,其中以得分项的形式对风速提出要求:在冬季典型风速和风向条件下,建筑物周围人行区距地高1.5 m处风速小于5 m/s,户外休息区、儿童娱乐区风速小于2 m/s,且室外风速放大系数小于2;在过渡季、夏季典型风速和风向条件下,场地内人活动区不出现涡旋或无风区。因此,在进行住区热环境设计时,没有再将居住区风环境作为独立的指标,但设计平均风速是计算住区热环境的评价指标的关键参数。

居住区设计平均风速是通过对居住区风速分布的模拟结果进一步分析获得。李琼建立了我国湿热地区的典型组团模型,采用CFD数值模拟的方法定量地分析了组团布局、建筑密度、容积率、首层架空率及架空形式、建筑迎风面积比对组团室外风环境的影响规律。基于模拟结果,采用多元线性回归方法和支持向量机(Support Vector Machine,SVM)方法分别建立了组团室外行人高度处单风向下平均风速比的简化计算公式和智能预测模型,并采用现场实测结果对其精度进行了验证。[3]

为避免实际的住区模型过于复杂、影响因素多,需要建立理想住区模型进行模拟分析。何嘉文统计分析了广州市2000—2005年间的309个住区规划案例,发现广州住区规模以1～5 hm²的组团规模为主,约占49.19%;小区规模为10～15 hm²的住区占28.8%;居住区规模为50～100 hm²的住区仅有1例[27]。此外,小区和居住区均由小规模组团组合而成,研究组团的风环境,得出的结论便于推广到小区和居住区。因此,理想模型的住区用地大小定为150 m×150 m的组团规模。

常用的组团布局有四种类型,即行列式、围合式、点式及混合式,其中最具代表性的是行列式和围合式布局,因此,选取行列式和围合式两种典型组团布局形式进行研究,如图2.7、图2.8所示。

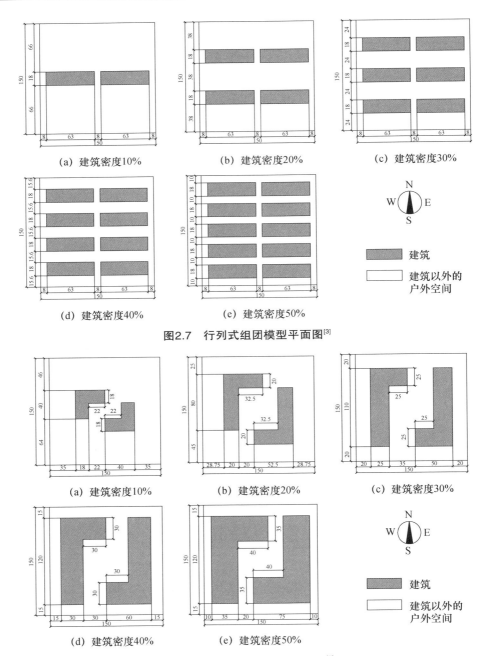

（a）建筑密度10%　　　（b）建筑密度20%　　　（c）建筑密度30%

（d）建筑密度40%　　　（e）建筑密度50%

图2.7　行列式组团模型平面图[3]

（a）建筑密度10%　　　（b）建筑密度20%　　　（c）建筑密度30%

（d）建筑密度40%　　　（e）建筑密度50%

图2.8　围合式组团模型平面图[3]

风速比评估方法是一种评价风场的方法，建筑物周围行人高度处的风速是随来流风速的变化而变化的。这样，无论是用风洞实验方法还是数值模拟方法所得到的在某一实验风速下各测点的速度值，在工程实际应用中意义不大。因此，在实际应用中，为便于讨论建筑物周围风环境的舒适性，采用风速比R_i作为舒适参数来评价风环境的优劣。风速比R_i反映了由于建筑物的存在而引起风速变化的程度。风速比和绿色建筑评价中的风速放大系数的物理意义是一样的，风速比R_i定义为

$$R_i = \frac{v_i}{v_{i0}} \tag{2.17}$$

式中　v_i——当建筑物存在时，流场中i点位置行人高度处的风速，m/s；

　　　v_{i0}——当建筑物不存在时，流场中i点位置行人高度处的风速，由于大气边界层满足"水平均匀性"，因此v_{i0}等于行人高度处的来流风速，m/s。

根据风场模拟结果，获得计算范围内、行人高度处各个网格单元的风速比，然后按网格单元的体积做加权平均，得到计算范围内行人高度处的平均风速比R，以此作为对组团室外风环境进行评价的指标。居住区室外1.5 m高处在单风向下的平均风速按式（2.18）计算：

$$v(\tau) = 0.15^a v_{\text{TMD}}(\tau) R \tag{2.18}$$

式中　$v(\tau)$——τ时刻居住区室外1.5 m高处在主导风向下的设计平均风速，m/s；

　　　a——地面粗糙系数，按表2.5选取；

　　　$v_{\text{TMD}}(\tau)$——τ时刻居住区所在城市或气候区的典型气象日风速，m/s，按附录A取值。

表2.5　我国地表粗糙度类别和对应的地面粗糙系数a值[2]

地面粗糙度类别	描述	a
A	近海海面、海岛、海岸、湖岸及沙漠地区（2A、3A、4A、5A）	0.12
B	田野、乡村、丛林、丘陵及房屋比较稀疏的乡镇和城市郊区	0.16
C	拥有密集建筑群的城市市区	0.22
D	拥有密集建筑群且房屋较高的大城市市区（省会、直辖市）	0.30

通过计算流体力学CFD软件对住区室外风环境进行模拟预测室外的风速分布，将建筑通风架空率和通风阻塞比作为自变量，室外行人高度处主导风向下的平均风速比作为因变量进行多元回归。为了简化，采用线性回归模式。获得居住区室外1.5 m高处的平均风速比回归公式：

$$R = -0.507\zeta + 0.244\kappa + 0.697 \tag{2.19}$$

式中　R——设计地块范围内的平均风速比；

　　　κ——设计地块范围内的建筑通风架空率，%；

　　　ζ——设计地块范围内的通风阻塞比，为建筑密度与平均迎风面积比$\overline{\zeta}_s$的乘积。

风洞测试和模拟回归分析均表明，任何布局形式的建筑群，单风向的平均风速比是与风向相关的，行列式和围合式建筑群在16个风向平均风速比如图2.9所示。但在16个风向的平均风速比与风向是无关的，且与建筑密度之间有良好的相关性，如图2.10所示。

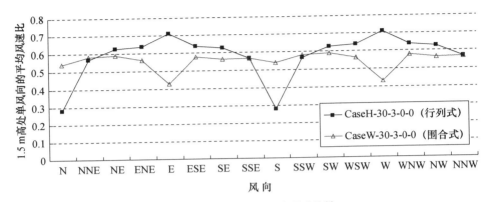

图2.9　16个风向的平均风速比[3]

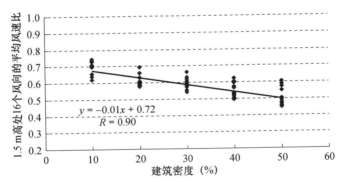

图2.10　平均风速比与建筑密度的拟合[3]

2.4.2　居住区逐时平均空气温度

空气温度作为表征住区热环境好坏的重要特征参数，综合反映了住区受太阳辐射、通风及绿化状况等因素的作用，对评价住区热环境至关重要，也是影响人们在室外生活质量的主要因素之一。居住区逐时平均空气温度按式（2.20）计算：

$$t_a(\tau) = \bar{t}_{a \cdot TMD} + \Delta t_{sol}(\tau) - \Delta t_{lw}(\tau) - \Delta t_{lat}(\tau) \quad (2.20)$$

式中　$t_a(\tau)$——τ时刻居住区设计的空气温度，℃；

$\bar{t}_{a \cdot TMD}$——居住区所在城市或气候区的典型气象日空气干球温度的平均值，℃，按附录A取值；

$\Delta t_{sol}(\tau)$——τ 及之前时刻太阳辐射照度阶跃量引起的相邻时刻空气干球温度变化量，℃；

$\Delta t_{lw}(\tau)$——τ 时刻长波辐射引起的本时刻空气干球温度变化量，℃；

$\Delta t_{lat}(\tau)$——τ 时刻蒸发换热引起的本时刻空气干球温度变化量，℃。

1.太阳辐射引起的相邻时刻空气干球温度变化量

太阳辐射引起的相邻时刻空气干球温度变化量与设计地块范围内地表的平均太阳辐射吸收系数、太阳辐射照度阶跃量有关。

居住区地表的平均太阳辐射吸收系数是地块范围内不同类型下垫面的太阳辐射吸收系数的面积加权平均，按式（2.21）计算：

$$\rho = \frac{F_d \rho_d + F_C \rho_C + F_L \rho_L + F_S \rho_S}{F_d + F_C + F_L + F_S} \tag{2.21}$$

式中　　　　ρ——居住区地表的平均太阳辐射吸收系数；

ρ_d、ρ_C、ρ_L、ρ_S——设计地块范围内道路、广场、绿地、水面的太阳辐射吸收系数，按表2.6取值；

F_d、F_C、F_L、F_S——设计地块范围内道路、广场、绿地、水面的面积，m^2。

表2.6　地表太阳辐射吸收系数取值[2]

地表类型	地面特征	太阳辐射吸收系数
道路、广场	普通水泥	0.74
	普通沥青	0.87
	透水砖	0.74
	透水沥青	0.89
	植草砖	0.74
绿　地	草地	0.80
	乔、灌、草绿地	0.78
水　面	—	0.96

设计地块范围内太阳辐射照度逐时阶跃量是影响空气干球温度变化量的重要因素，并与地表入射太阳辐射照度和水平总辐射照度、水平散射辐射照度，空地的建筑阴影率、平均天空角系数、绿化遮阳覆盖率、构筑物遮阳覆盖率，以及绿化遮阳体的平均太阳辐射透射比、构筑物遮阳体的平均太阳辐射透射比、绿化遮阳体的对流得热比例、构筑物遮阳体的对流得热比例等因素有关。其中绿化遮阳覆盖率、构筑物遮阳覆盖率、绿化遮阳体的平均太阳辐射透射比、构筑物遮阳体的平均太阳辐射透射

比、绿化遮阳体的对流得热比例、构筑物遮阳体的对流得热比例均是地块范围内不同类型对应参数的面积加权平均，分别按式（2.22）～式（2.25）计算。

$$f_{\mathrm{L}} = \frac{\sum\limits_{i} F_{\mathrm{Q}i} + \sum\limits_{j} F_{\mathrm{T}j}}{S_{\mathrm{o}} - F_{\mathrm{B}}} \times 100\% \tag{2.22}$$

$$f_{\mathrm{G}} = \frac{\sum\limits_{k} F_{\mathrm{P}k}}{S_{\mathrm{o}} - F_{\mathrm{B}}} \times 100\% \tag{2.23}$$

$$SRT_{\mathrm{L}} = \frac{\sum\limits_{i} F_{\mathrm{Q}i} SRT_{\mathrm{Q}i} + \sum\limits_{j} F_{\mathrm{T}j} SRT_{\mathrm{T}j}}{\sum\limits_{i} F_{\mathrm{Q}i} + \sum\limits_{j} F_{\mathrm{T}j}} \tag{2.24}$$

$$SRT_{\mathrm{G}} = \frac{\sum\limits_{k} F_{\mathrm{P}k} SRT_{\mathrm{P}k}}{\sum\limits_{k} F_{\mathrm{P}k}} \tag{2.25}$$

式中　f_{L}、f_{G}——设计地块范围空地上的绿化遮阳覆盖率、构筑物遮阳覆盖率，%；

SRT_{L}、SRT_{G}——设计地块范围内绿化遮阳体的平均太阳辐射透射比、构筑物遮阳体的平均太阳辐射透射比；

　　$F_{\mathrm{Q}i}$——设计地块范围内逐个乔木树冠的水平投影面积，m^2；

　　$F_{\mathrm{T}j}$——设计地块范围内逐个爬藤棚架的水平投影面积，m^2；

　　$F_{\mathrm{P}k}$——设计地块范围内逐个构筑物棚盖（凉亭、候车亭、遮阳棚等）的水平投影面积，m^2；

　　S_{o}——居住区设计地块范围内的面积，m^2，当居住区分期设计时，则为本期设计地块的面积；

　　F_{B}——居住区设计地块范围内累计建筑基底面积，m^2；

　　$SRT_{\mathrm{Q}i}$——设计地块范围内逐个乔木树冠的太阳辐射透射比，按附录 B 取值；

　　$SRT_{\mathrm{T}j}$——设计地块范围内逐个爬藤棚架的太阳辐射透射比，按附录 B 取值；

　　$SRT_{\mathrm{P}k}$——设计地块范围内逐个构筑物棚盖（凉亭、候车亭、遮阳棚等）的太阳辐射透射比，按附录 B 取值。

设计地块范围内太阳辐射照度逐时阶跃量，按式（2.26）计算：

$$\Delta I_{\mathrm{SR}}(\tau) = I_{\mathrm{SR}}(\tau + 1) - I_{\mathrm{SR}}(\tau) \tag{2.26}$$

其中
$$I_{\mathrm{SR}}(\tau)=\left\{\left[I_{\mathrm{o}}(\tau)-I_{\mathrm{dif}}(\tau)\right]\left[1-f_{\mathrm{PSA}}(\tau)\right]+I_{\mathrm{dif}}(\tau)\psi_{\mathrm{SVF}}\right\}\times$$
$$\left[1-f_{\mathrm{L}}(1-SRT_{\mathrm{L}})(1-C_{\mathrm{L}})\right]\left[1-f_{\mathrm{G}}(1-SRT_{\mathrm{G}})(1-C_{\mathrm{G}})\right]$$
(2.27)

式中 $\Delta I_{\mathrm{SR}}(\tau)$——$\tau$时刻住区设计地块范围内太阳辐射照度逐时阶跃量，$W/m^2$；

$I_{\mathrm{SR}}(\tau)$——τ时刻住区设计地块的地表入射太阳辐射照度，W/m^2；

$I_{\mathrm{o}}(\tau)$、$I_{\mathrm{dif}}(\tau)$——τ时刻居住区所在城市或气候区的典型气象日水平总辐射照度、水平散射辐射照度，W/m^2，按附录A取值；

$f_{\mathrm{PSA}}(\tau)$——τ时刻设计地块范围内空地的建筑阴影率，％，以所在地7月21日太阳位置计算；

ψ_{SVF}——设计地块范围内空地的平均天空角系数，其定义和计算见本章2.1.1节；

C_{L}、C_{G}——绿化遮阳体和构筑物遮阳体的对流得热比例，为遮阳体下部空间因空气与遮阳体对流换热所获得的能量与太阳辐射能量的比值，根据遮阳类型按附录B取值。

CTTC模型对建筑采取了二维简化，将建筑群简化为周期性起伏的"城市峡谷"，认为温度是太阳辐射和长波辐射共同作用的结果。太阳辐射的作用经由大地和建筑的非稳态传热过程实现，其热惯性特征由建筑群热时间常数CTTC加以描述，按式（2.28）计算：

$$CTTC=\left(1-\frac{F_{\mathrm{B}}+\sum_i F_{\mathrm{Q}i}}{S_{\mathrm{o}}}\right)CTTC_{\mathrm{D}}+\frac{F_{\mathrm{BL}}}{S_{\mathrm{o}}}CTTC_{\mathrm{B}}+\frac{\sum_i F_{\mathrm{Q}i}}{S_{\mathrm{o}}}CTTC_{\mathrm{Q}}$$
(2.28)

式中 $CTTC$——居住区热时间常数，h；

F_{BL}——居住区累计建筑立面面积（18 m以下），m^2；

$CTTC_{\mathrm{D}}$——居住区空地热时间常数，h，取8 h；

$CTTC_{\mathrm{B}}$——居住区建筑热时间常数，h，取6 h；

$CTTC_{\mathrm{Q}}$——居住区乔木热时间常数，h，取12 h。

太阳辐射引起的相邻时刻空气干球温度变化量按式（2.29）计算：

$$\Delta t_{\mathrm{sol}}(\tau)=\sum_{i=0}^{\tau}\frac{\rho}{\alpha(i)}\Delta I_{\mathrm{SR}}(i)\left[1-\exp\left(\frac{i-\tau}{CTTC}\right)\right]$$
(2.29)

其中
$$\alpha(i)=10.9+4.1v(\tau)$$
(2.30)

式中　$\alpha(i)$——i时刻地表平均换热系数，W/（m²·K）。

2. 长波辐射引起的相邻时刻空气干球温度变化量

长波辐射引起的相邻时刻空气干球温度变化量按式（2.31）计算：

$$\Delta t_{\text{lw}}(\tau) = \sigma \left[t_{\text{a·TMD}}(\tau) + 273 \right]^4 \left[1 - B_{\text{r}}(\tau) \right] \frac{\psi_{\text{SVF}}}{\alpha(\tau)} \tag{2.31}$$

其中

$$B_{\text{r}}(\tau) = 0.605 + 0.1518 \sqrt{P_{\text{a·TMD}}(\tau)/1000} \tag{2.32}$$

$$P_{\text{a·TMD}}(\tau) = \varphi_{\text{a·TMD}}(\tau) \exp \left[23.5612 - \frac{4030}{t_{\text{a·TMD}}(\tau) + 235} \right] \tag{2.33}$$

式中　σ——斯特藩-玻尔兹曼（Stefan-Boltzmann）常数，取5.67×10^{-8} W/（m²·K⁴）；

$t_{\text{a·TMD}}(\tau)$——τ时刻居住区所在城市或气候区的典型气象日空气干球温度，℃，按附录A取值；

$B_{\text{r}}(\tau)$——τ时刻的布朗特数；

$P_{\text{a·TMD}}(\tau)$——τ时刻居住区所在城市或气候区的典型气象日水蒸气分压力，kPa；

$\varphi_{\text{a·TMD}}(\tau)$——北京时$\tau$时刻居住区所在城市或气候区的典型气象日空气相对湿度，％，按附录A取值。

3. 蒸发换热引起的相邻时刻空气干球温度变化量

蒸发换热引起的相邻时刻空气干球温度变化量与设计地块范围内的蒸发换热热流密度$I_{\text{lat}}(\tau)$和蒸发换热影响高度等因素有关。

设计地块范围内的蒸发换热热流密度与设计地块范围内不同下垫面和建筑屋面的蒸发量以及水的汽化潜热相关，按式（2.34）计算：

$$I_{\text{lat}}(\tau) = \left[F_{\text{S}} m_{\text{S}}(\tau) + F_{\text{LD}} m_{\text{LD}}(\tau) + \beta F_{\text{YD}} m_{\text{YD}}(\tau) + \omega F_{\text{B}} m_{\text{B}}(\tau) \right] \frac{L(\tau)}{3.6S} \tag{2.34}$$

式中　　　　　　　　　$I_{\text{lat}}(\tau)$——τ时刻设计地块范围内的蒸发换热热流密度，W/m²；

β——设计地块范围内硬地的渗透面积比率，％；

ω——设计地块范围内建筑屋面的绿化率，％；

F_{S}、F_{LD}、F_{YD}——设计地块范围内的累计水面面积、累计绿地面积、累计硬地面积，m²；

$m_{\text{S}}(\tau)$、$m_{\text{LD}}(\tau)$、$m_{\text{YD}}(\tau)$、$m_{\text{B}}(\tau)$——τ时刻设计地块范围内的水面平均蒸发量、绿地平均蒸发量、渗透型硬地平均蒸发量、绿化屋面平均蒸发量，kg/（m²·h），其中夏季

蒸发量按附录C取值，冬季蒸发量在Ⅰ、Ⅱ、Ⅵ、Ⅶ气候区近似取夏季的1/5倍，在Ⅲ、Ⅳ、Ⅴ气候区近似取夏季的1/2倍；

$L(\tau)$——τ时刻水的汽化潜热，kJ/kg，近似按式（2.35）计算：

$$L(\tau) = 2491.146 - 2.302 t_{a \cdot TMD}(\tau) \qquad (2.35)$$

蒸发换热引起的相邻时刻空气干球温度变化量按式（2.36）计算：

$$\Delta t_{lat}(\tau) = \frac{I_{lat}(\tau)}{1.005 \times [-0.0039 t_{a \cdot TMD}(\tau) + 1.2822] H + \alpha(\tau)} \qquad (2.36)$$

式中　H——设计地块范围内的蒸发换热影响高度，取100 m。

2.4.3　平均热岛强度

热岛效应是指一个地区（主要指城市内）的气温高于周边郊区气温的现象，可以用两个代表性测点的气温差值（城市中某地温度与郊区气象测点温度的差值），即热岛强度表示。居住区平均热岛强度（average heat island intensity）是在规定的统计时间内，居住区逐时空气温度与同时刻当地典型气象日空气干球温度的差值的平均值（℃）。

在统计平均热岛强度时，是将各个计算地点地方太阳时的中午12时换算成北京时间之后，在此时刻基础上前推4个小时，后推6个小时，按整点取值，得到共11个小时（北京时间）的热岛强度的平均值。当该时刻之内的分钟位于0～30时不计入该时刻，直接以该时刻为基础统计计算；当该时刻之内的分钟位于30～60时，则以下一个时刻为基础统计计算。例如，北京地方太阳时12时的北京时间为12:21，此时平均热岛强度的统计时段为8:00—18:00。其他各典型城市平均热岛强度的统计时段，按附录D取值。

居住区夏季平均热岛强度应按式（2.37）计算：

$$\overline{\Delta t_{a\,夏季}} = \sum_{\tau_1}^{\tau_2} [t_a(\tau) - t_{a \cdot TMD}(\tau)]/11 \qquad (2.37)$$

式中　τ_1、τ_2——平均热岛强度统计时段的起、止时刻（北京时），平均热岛强度的统计时段应为当地的地方太阳时（8:00—18:00）。

2.4.4　湿球黑球温度

湿球黑球温度（Wet Bulb Globe Temperature，WBGT）是综合评价接触热环

境时人体热负荷大小的指标。国际标准 ISO 7243：2017规定，在室外树荫或暴露于日照下，$WBGT$ 可分别按式（2.38）、式（2.39）计算。

$$WBGT = 0.7t_{nw} + 0.3t_g \qquad (2.38)$$
$$WBGT = 0.7t_{nw} + 0.2t_g + 0.1t_a \qquad (2.39)$$

式中　t_{nw}——湿球温度，℃；

　　　　t_g——黑球温度，℃；

　　　　t_a——干球温度，℃。

$WBGT$ 指标是自然湿球温度、干球温度和黑球温度的函数，而典型气象日的气象参数包含逐时干球温度、相对湿度、太阳辐射照度和风速数据，因此，得到采用常规室外气象参数表达的 $WBGT$ 指标关联式对于居住区热环境评价具有十分重要的意义。

国内外学者对 $WBGT$ 指标关联式进行了研究，以色列学者 Moran 等人在以色列进行了 $WBGT$ 的数据采集工作[28]，回归了如式（2.40）所示的关联式：

$$ESI = 0.63T_a - 0.03RH + 0.002SR + 0.0054(T_a \cdot RH) - 0.073(0.1 + SR)^{-1}$$
$$(2.40)$$

式中　ESI——环境应激指数；

　　　　RH——相对湿度，%；

　　　　SR——水平总太阳辐射照度，W/m²。

国内学者董靓（1991）[29]和林波荣（2004）[30]等人分别针对 $WBGT$ 计算公式中的黑球温度、自然湿球温度建立了热平衡方程式，通过求解热平衡方程，分别得到了以温度、湿度、太阳辐射照度、平均辐射温度和风速为参数的 $WBGT$ 指标关联式。董靓回归的关联式如式（2.41）所示，林波荣回归的关联式如式（2.42）所示。

$$WBGT = (0.8288t_a + 0.0613t_{mr} + 7.3771 \times 10^{-3}SR + 13.8297RH - 8.7284)v^{-0.0551}$$
$$(2.41)$$
$$WBGT = -4.871 + 0.814t_a + 12.305RH - 1.071v + 0.0498t_{mr} + 6.85 \times 10^{-3}SR$$
$$(2.42)$$

式中　t_{mr}——长波平均辐射温度，℃；

　　　　v——风速，m/s。

在 Moran 等人的观测数据中，代表城市是以色列城市特拉维夫，该方程是否适用于我国城市的夏季还需要验证。董靓回归的关联式中，当风速接近0时，将会得到不合理的结果。$WBGT$ 指标关联式中室外环境的长波辐射温度不是典型气象日的常规数据，很难确定。

华南理工大学课题组开展了基于干球温度、相对湿度、太阳辐射照度和风速等参数的 *WBGT* 指标关联式研究[31]，共采集有效样本1487组，样本的平均值、标准差和分布范围如表2.7所示。不同的下垫面的采集现场如图2.11所示。所用的测试仪器的性能如表2.8所示。

表2.7 观测样本的平均值、标准差和分布范围

项目	干球温度/℃	相对湿度（%）	太阳辐射照度/（W/m²）	风速/（m/s）	*WBGT*/℃
平均值	33.04	65.82	302.77	0.93	29.93
标准差	3.60	12.46	331.82	0.81	2.89
分布范围	26.50~41.00	39.00~88.00	0.00~1059.00	0.00~6.56	24.94~37.50

图2.11 *WBGT*测试现场

WBGT 与干球温度、相对湿度、太阳辐射照度和风速之间关系的散点图如图2.12~图2.15所示，以判断 *WBGT* 指标与上述4个参量是否存在线性关系。

表2.8 观测变量及仪器

变量	仪器（型号，产地）	精度	采样时间
t_a、RH	HOBO温湿度自记仪（U23－001，美国）	± 0.2 ℃，$\pm 2.5\%$（RH）	1 min
$WBGT$	湿球黑球温度指数仪（WBGT－2000，中国）	温度测量范围：10～60 ℃ 温度测量精度：± 1 ℃ 自然湿球温度测量范围：5～40 ℃ 自然湿球温度测量精度：± 0.5 ℃ 黑球温度测量范围：20～120 ℃ 黑球温度测量精度： ± 0.5 ℃（当20～50 ℃时） ± 1 ℃（当51～120 ℃时）	5 min

注：t_a为空气温度，RH为相对湿度。

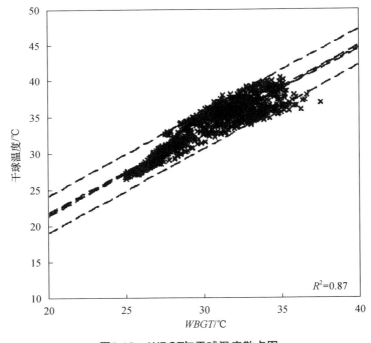

图2.12 *WBGT*与干球温度散点图

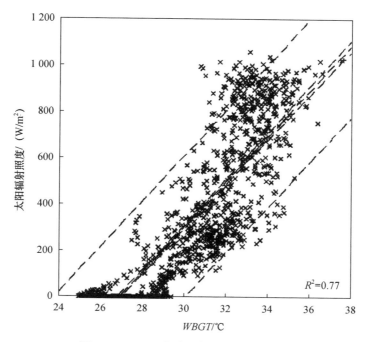

图2.13　WBGT与太阳辐射照度散点图

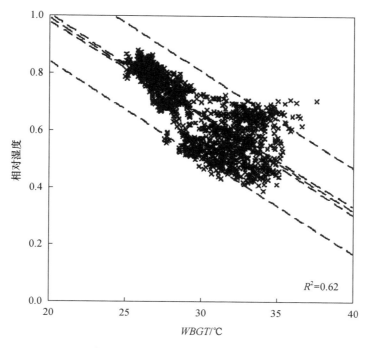

图2.14　WBGT与相对湿度散点图

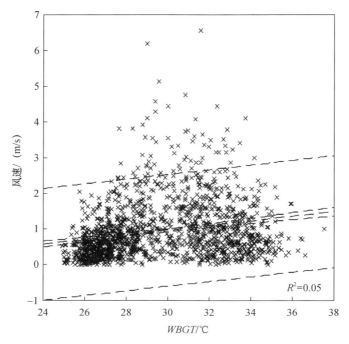

图2.15 *WBGT*与风速散点图

在图2.12～图2.15中，中心的虚线是回归线，回归线两侧是总体均数的95%的可信区间，最外面的两条虚线是个体预测值的95%的可信区间，右下角给出了该曲线的决定系数 R^2。可以看出，*WBGT*与干球温度的线性趋势最好，并呈正相关关系；相对湿度其次，呈负相关趋势；*WBGT*与太阳辐射照度之间有曲线趋势，为了简化模型，仍然采用线性回归模型；*WBGT*与风速之间的相关性较差，但在建模时还是把风速包含在内。用最小二乘法对*WBGT*与干球温度、相对湿度、太阳辐射照度和风速进行多元线性回归，得到回归方程[31]，如式（2.43）所示：

$$WBGT = 1.159t_a + 17.496RH + 2.404 \times 10^{-3}SR + 1.713 \times 10^{-2}v - 20.661$$

$$(2.43)$$

将各变量标准化后再回归，得到标准化回归方程为

$$WBGT = 1.439t_a^* + 0.75RH^* + 0.27SR^* + 0.005v^*$$

$$(2.44)$$

回归模型的统计信息和假设检验结果如表2.9、表2.10所示。

表2.9 回归模型的统计信息

复相关系数	决定系数	校正的决定系数	剩余标准差
0.995	0.991	0.991	0.275

表 2.10 回归系数及其假设检验非标准化系数

项目	非标准化系数		标准化系数	t	Sig.
	系数	标准误差	Beta	—	—
常数项	-20.661	0.374	—	-55.270	0.000
干球温度	1.159	0.008	1.439	149.214	0.000
太阳辐射照度	2.404×10^{-3}	0.000	0.270	67.179	0.000
相对湿度	17.496	0.195	0.750	89.708	0.000
风　速	1.713×10^{-2}	0.009	0.005	1.843	0.066

该回归方程的决定系数（R^2）为 0.991，F 检验高度显著（$F=40567.83$，$P<0.001$），说明回归方程整体拟合效果良好。在回归系数显著性检验中，除风速外各参数 t 检验的预测值均小于 0.05，风速的预测值为 0.066，不能通过 t 检验，此外，在标准化回归方程式（2.44）中，风速变化 1%，对 $WBGT$ 的影响只有 0.005%，这表示风速对 $WBGT$ 的影响非常小，可以忽略。

因此，采用干球温度、相对湿度和太阳辐射照度三个参数来回归 $WBGT$ 的简化计算模型，如式（2.45）和式（2.46）所示。

$$WBGT = 1.157t_a + 17.425RH + 2.407 \times 10^{-3}SR - 20.550 \tag{2.45}$$

标准化回归方程为

$$WBGT = 1.437t_a^* + 0.747RH^* + 0.27SR^* \tag{2.46}$$

该回归方程的决定系数（R^2）为 0.991，F 检验高度显著（$F=54002.07$，$P<0.001$），总体回归效果与方程式（2.44）一致，但各项因子 t 检验的预测值均小于 0.05，因此，回归方程式（2.46）的 t 检验显著，各自变量的回归系数均不为 0。

绘制标准化残差的直方图，如图 2.16 所示，标准化残差的分布服从正态分布，绘制 $WBGT$ 实测值与预测值的关系图及两者的残差分布图，如图 2.17 和图 2.18 所示。$WBGT$ 的预测值分布与实测值分布非常接近，两者残差绝对值不超过 0.8℃，并且残差随 $WBGT$ 实测值的变化范围基本保持稳定，说明残差方差齐性。

通过以上检验，可以认为通过回归方法得到的 $WBGT$ 关联式是一个统计学上无误并且具有实际意义的模型，具有较高的可信度，可以用于室外热环境的 $WBGT$ 指标现场观测和模拟预测中。

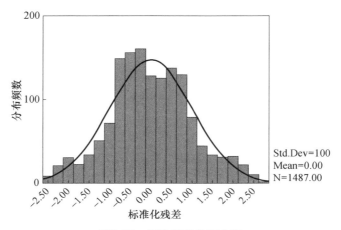

图2.16 标准化残差直方图

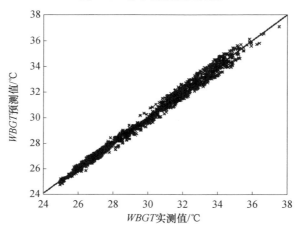

图2.17 WBGT实测值与预测值关系

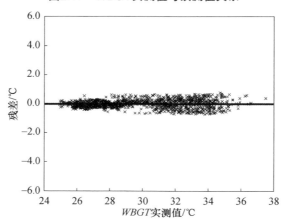

图2.18 WBGT实测值与残差的散点图

上述 *WBGT* 简化计算是针对某一个测点的计算方法，在分析一个城市区域的 τ 时刻夏季平均湿球黑球温度 $WBGT(\tau)_{夏季}$ 时，计算公式如式（2.47）所示：

$$WBGT(\tau)_{夏季} = 1.157t_a(\tau) + 17.425\varphi_a(\tau) + \tag{2.47}$$

$$2.407 \times 10^{-3}\left[I_{SR}(\tau) + I_{SR-R}(\tau)\right] - 20.550$$

$$\varphi_a(\tau) = \varphi_{a\cdot TMD}(\tau)\cdot 10^m \tag{2.48}$$

$$m = 7.5t_{a\cdot TMD}(\tau)\big/\left[237.3 + t_{a\cdot TMD}(\tau)\right] - 7.5t_a(\tau)\big/\left[237.3 + t_a(\tau)\right] \tag{2.49}$$

$$I_{SR-R}(\tau) = \left\{\left[I_o(\tau) - I_{dif}(\tau)\right]\left[1 - f_{PSA}(\tau)\right] + I_{dif}(\tau)\psi_{SVF}\right\}\cdot(1-\rho) \tag{2.50}$$

式中　　$WBGT(\tau)_{夏季}$——τ 时刻夏季平均湿球黑球温度，℃；

　　　　　$\varphi_a(\tau)$——τ 时刻居住区设计的空气温度对应下的空气相对湿度，%；

　　　　　$\varphi_{a\cdot TMD}(\tau)$——$\tau$ 时刻居住区所在城市或气候区的典型气象日相对湿度，%，按附录 A 取值；

　　　　　$I_{SR-R}(\tau)$——τ 时刻设计地块范围内的地表反射的短波辐射照度，W/m²。

因此，居住区夏季平均逐时湿球黑球温度通过居住区夏季平均逐时温度 $t_a(\tau)$、相对湿度 $\varphi_a(\tau)$、地表入射太阳辐射照度 $I_{SR}(\tau)$ 及地表反射的短波辐射照度 $I_{SR-R}(\tau)$ 等参数计算得到，其中居住区夏季平均逐时温度 $t_a(\tau)$ 的计算方法在本书 2.4.2 部分已经介绍，地表入射太阳辐射照度 $I_{SR}(\tau)$ 也已经在 2.4.2 部分计算居住区夏季平均逐时温度时被用到，并给出了其计算方法。

3 住区热环境规定性设计

城市住区热环境的规定性设计方法是基于住区热安全和舒适度，从通风、遮阳、渗透与蒸发、绿地与绿化等方面提出的规定性设计指标，以保证住区热环境质量。居住区夏季平均迎风面积比和居住区夏季户外活动场地的遮阳覆盖率要求是《城市居住区热环境设计标准》（JGJ 286—2013）中的强制性条文，是每一个居住区都必须满足的。

3.1 通风

炎热气候条件下，住区热环境不仅仅关系到热安全和热舒适性，还关系到居住区的公共健康安全，特别是对于重大传播性疫情，公共场所的卫生安全尤其重要。从各国的预防和应急预案可以看出，各国目前普遍的共识就是公共场所的通风扩散是流行病预防和应急的有效措施。对于有害病菌滋生和繁殖速度相对较快的湿热气候区，更需要强调居住区户外活动场地的风环境质量，以保证住区内建筑物自然通风扩散的条件。对于夏热冬暖、夏热冬冷以及温和地区，争取住区夏季自然通风至关重要。在夏季高温时，较大的风速与建筑阴影构成舒适的室外热环境。但在冬季低温时，若住区风速较大，会使人产生极度寒冷的不舒适感，甚至直接影响该处行人的行走。在住区的规划设计阶段就应该对这些问题进行认真的考虑，调整设计或者采取其他措施避免这种现象的出现。

住区室外风环境的形成与其所处的地形地貌、来流风速风向、组团布局、容积率、建筑密度、建筑迎风面积比、架空层、建筑体形等均有直接关系。其中，只有组团布局、容积率、建筑密度、建筑迎风面积比、架空层等是人为可控且影响组团室外风环境的最主要因素，因此，需要在规划阶段充分考虑这些因素，才能保证住区有良好的风热环境。

3.1.1　住区通风设计要求

近年来，居住区建筑密度、容积率的增大以及建筑布局的不合理设计，导致大量的居住区通风阻力大、通风条件差，从而直接影响了住区的散热，加剧了热岛效应。而住区建筑物规划布局影响居住区通风条件，设计阶段应采取措施保证居住区具备基本的通风散热能力。

1. 夏季平均迎风面积比

住区的迎风面积比是决定通风阻塞比的关键参数，而通风阻塞比与住区组团内的平均风速有良好的相关性，是决定住区风环境好坏的关键性参数。因此，为保证居住区达到控制热岛强度和热安全指标的基本通风要求，必须要对居住区夏季主导风向的迎风面积比做出限值规定。使用迎风面积比作为规划设计的控制指标相对于通风阻塞比易于建筑师和规划师理解与掌握。

居住区平均风速随通风阻塞比的增大而降低，当居住区的平均风速比（R）降到0.6以下时，居住区通风的降温效果明显减弱。因此，确定居住区迎风面积比应以平均风速比不低于0.6为依据。居住区的通风阻塞比是体积阻塞比和迎风面积比的乘积，在数值上等于建筑密度和迎风面积比之积。由于居住区通常以住宅建筑占绝大比重，因此居住区的通风阻塞比可以用住宅建筑净密度与住宅用地指标以及迎风面积比三者乘积表示。我国现行规范规定了各地居住区的建筑密度上限值，各气候区居住区的建筑密度上限值是由住宅建筑净密度指标和住宅用地指标的乘积确定的。当取住区平均风速比不低于0.6计算迎风面积比时，可按各地对住宅建筑净密度、住宅建筑用地控制指标的上限确定不同气候区属的平均迎风面积比，如表3.1所示。因此，确定不同气候区平均迎风面积比限值如下（见表3.2）：Ⅰ、Ⅱ、Ⅵ、Ⅶ建筑气候区取0.85，Ⅲ、Ⅴ建筑气候区取0.80，Ⅳ建筑气候区取0.70。

按迎风面积比的规定性指标要求进行设计，是保证居住区达到风速要求和热岛强度控制要求的基本前提，因此，在设计时，居住区的夏季平均迎风面积比必须满足表3.2所示的指标要求。

通过对全国179个实际案例分析表明，Ⅰ、Ⅱ、Ⅵ、Ⅶ建筑气候区符合要求的案例占63.1%，Ⅲ、Ⅴ建筑气候区符合要求的案例占59.2%，Ⅳ建筑气候区符合要求的案例占66.7%，如表3.3所示。

表3.1　确定居住区平均迎风面积比限值的计算

建筑气候区				Ⅰ、Ⅱ、Ⅵ、Ⅶ				Ⅲ、Ⅴ				Ⅳ			
住区规模		平均风速比	通风阻塞比	住宅建筑净密度指标	住宅用地指标上限	建筑密度上限	平均迎风面积比	住宅建筑净密度指标	住宅用地指标上限	建筑密度上限	平均迎风面积比	住宅建筑净密度指标	住宅用地指标上限	建筑密度上限	平均迎风面积比
组团	低层	0.60	0.15	0.35	0.80	0.28	0.54	0.40	0.80	0.32	0.47	0.43	0.80	0.34	0.45
	多层			0.28		0.22	0.69	0.30		0.24	0.63	0.32		0.26	0.58
	中高层			0.25		0.20	0.76	0.28		0.22	0.69	0.30		0.24	0.63
	高层			0.20		0.16	0.95	0.20		0.16	0.95	0.22		0.18	0.84
小区	低层			0.35	0.65	0.23	0.66	0.40	0.65	0.26	0.58	0.43	0.65	0.28	0.54
	多层			0.28		0.18	0.84	0.30		0.20	0.76	0.32		0.21	0.72
	中高层			0.25		0.16	0.95	0.28		0.18	0.84	0.30		0.20	0.76
	高层			0.20		0.13	1.00	0.20		0.13	1.00	0.22		0.14	1.00
居住区	低层			0.35	0.60	0.21	0.72	0.40	0.60	0.24	0.63	0.43	0.60	0.26	0.58
	多层			0.28		0.17	0.89	0.30		0.18	0.84	0.32		0.19	0.80
	中高层			0.25		0.15	1.00	0.28		0.17	0.89	0.30		0.18	0.84
	高层			0.20		0.12	1.00	0.20		0.12	1.00	0.22		0.13	1.00
平均值		0.60	0.15				0.83				0.78				0.73

表3.2　居住区平均迎风面积比（$\bar{\zeta}_s$）限值

建筑气候区	Ⅰ、Ⅱ、Ⅵ、Ⅶ	Ⅲ、Ⅴ	Ⅳ
平均迎风面积比（$\bar{\zeta}_s$）	≤0.85	≤0.80	≤0.70

表3.3　居住区平均迎风面积比的案例分析统计

建筑气候区	Ⅰ、Ⅱ、Ⅵ、Ⅶ	Ⅲ、Ⅴ	Ⅳ
案例数量	84	71	24
达标案例数量	53	42	16
达标案例占比	63.1%	59.2%	66.7%

2. 通风架空率

吹过建筑物的风会在建筑物背后的活动场地上形成一个弱风区域，称为紊流区，也称为风影区。研究表明，通常这个弱风区域长度（风影长度）同建筑长度相关。例如，对于多层的条式建筑，当建筑长度从20 m增大到80 m时，其背后的弱风区域长度（风影长度）相应从40 m增大到75 m，当前后排住宅的间距小于这个风影长度时，后排住宅特别是其底层住户的通风条件必将会受到前排住宅阻挡影响，不利于住区在春、夏、秋季的通风散湿和夏热季节的通风降温。模拟分析和实测表明，建筑物背后行人高度上的风影长度是随着底层架空率的增大而缩小，当建筑底层架空率从0增至10％时，80 m长建筑的背后风影长度从75 m缩短到35 m，可为后排建筑底层住户提供通风条件。

我国《建筑设计防火规范》（GB 50016—2014，2018年版）中对人员安全疏散和消防车辆通行提出要求，规定建筑长度超过80 m的建筑必须要设置人行通道或贯通的公共楼梯间。因此《城市居住区热环境设计标准》（JGJ 286—2013）也将建筑物长度80 m作为住宅底层是否架空的判断条件。要求在Ⅲ、Ⅳ、Ⅴ建筑气候区，当夏季主导风向上的建筑物迎风面长度超过80 m时，该建筑底层的通风架空率不应小于10％。即便当设计的建筑底层的通风架空率不能满足该限值要求时，也可以按照住区热环境评价性设计方法，通过调整绿地率、遮阳覆盖率、地面渗透面积比率、通风架空率等其他技术措施，使得居住区平均热岛强度和逐时湿球黑球温度符合设计要求。

3.1.2 改善住区风环境的主要措施

1. 合理布置住区组团

不同气候区室外风环境的关注点不同，在严寒、寒冷地区，为了防止居住区冬季风环境质量差，应将建筑密度大的组团放在冬季主导风向上游，可以在一定程度上阻挡冬季寒风袭扰，降低居住区平均风速；在夏热冬暖、夏热冬冷以及温和地区则相反。因此，在居住区规划布局时，在Ⅰ、Ⅱ、Ⅵ、Ⅶ建筑气候区，宜将住宅建筑净密度大的组团布置在冬季主导风向的上风向；在Ⅲ、Ⅳ、Ⅴ建筑气候区，宜将住宅建筑净密度大的组团布置在夏季主导风向的下风向。

在Ⅰ、Ⅱ、Ⅵ、Ⅶ建筑气候区（严寒和寒冷地区），开敞型院落式组团的开口不宜朝向冬季主导风向。对于这类建筑气候区，冬季防止主导风向来风的袭扰是主要问题。开敞型院落式组团开口背对冬季主导风向，有利于减弱组团内部的平均风速。

2. 底层架空

对于夏热冬暖、夏热冬冷以及温和地区，争取居住区夏季自然通风是至关重要的问题，因此，南方地区居住区底层架空或部分架空的案例很多。大量案例证明，采用综合设计的手法（见图3.1、图3.2），将底层架空空间灵活地与消防的人员疏散通道、消防车通道的设计相结合，或与小区的休憩场所、游乐空间、停车场地等相结合，达到架空率10%的指标要求是容易做到的。

图3.1　底层架空通风

图3.2　底层部分架空通风

3. 通风围墙

在Ⅲ、Ⅳ、Ⅴ建筑气候区，居住区围墙应能通风，围墙的可通风面积率宜大于40%。

密实围墙对底层住户的自然通风影响较大。近年来，为方便物业管理，出现了自行建造密实围墙甚至高围墙的现象（见图3.3），除会导致通风不畅外，还会影响视觉观瞻。

当围墙的可通风面积率小于40%时，应视为不通风围墙，如图3.4所示。

居住区环境噪声应该符合国家相关标准规定，居住区各种围墙均不应以环境隔声需要为理由而设计砌筑成密实墙。

图3.3　密实的围墙

图3.4　不通风围墙

4. **景观设施**

我国传统建筑院落建造就有影壁墙、迎风墙等做法，这些做法是为了调节院落外的冷空气袭扰，其对院落风场的调节作用是被现代建筑技术科学认识到的。居住小区设计应该吸收和升华传统方法，宜结合景观设施引导活动空间的空气流动或防止风速过高，以导风墙（见图3.5）、挡风墙等景观构筑方法实现环境风场的调节和改善。在严寒和寒冷地区，可考虑以挡风墙、堆景的做法控制冬季主导风对住区局部风环境的影响；在南方地区，夏季可以利用景观挡墙等做法为局部活动场所导风。

图3.5　景观墙导风

3.2　遮阳

住区室外遮阳，即环境遮阳是改善居住区夏季热环境质量、提高户外活动场地舒适度的主要手段之一。近年来，居住区景观设计领域十分活跃，受设计构图的影响，大量的工程设计追求景观构图合理而忽视景观的物理功能，其中原本依附于环境景观设计的环境遮阳降温做法就是被广泛忽视的景观功能之一，导致在夏热季节和较长时间的过渡季节，广场无人活动，道路行人忍受地面烘烤，游憩区因太阳辐射强烈不能使用等，严重影响居民的户外活动。

调查表明，当高温季节有太阳辐射时，居住区活动场地和行人道路的烘烤感强烈，居民抱怨使用和出行不便，对居民的户外活动造成了影响。如图3.6所示，通过采用红外低空航拍技术和地面观测获得的数据显示，居住区内硬化的道路、广场、停车场等，因其具有较强的蓄热能力，在春、夏、秋季受太阳辐射后，其表面温度比同时刻空气温度高10～20 ℃，表面温度最高可达48 ℃，因而成为居住区热环境恶化的热源。因此，为控制居住区人员活动场地和人行道路的热环境质量，应加强环境遮阳设计。

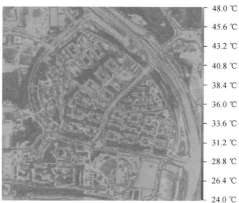

48.0 ℃
45.6 ℃
43.2 ℃
40.8 ℃
38.4 ℃
36.0 ℃
33.6 ℃
31.2 ℃
28.8 ℃
26.4 ℃
24.0 ℃

图3.6　某居住区的可见光照片和地表温度航拍图

3.2.1 住区遮阳设计要求

当居住区环境的遮阳覆盖率偏低时，太阳辐射将会诱发环境的过热，从而加剧居民户外活动的热安全风险，为有效控制环境接受到的太阳辐射，保证户外活动场地的热安全性，对居住区的遮阳设计做出明确的定量规定十分重要。

1. 遮阳覆盖率

遮阳覆盖率（shading coverage rate）是评价环境遮阳的定量指标，其定义为在居住区的广场、人行道、游憩场、停车场等特定场地的硬化范围内，遮阳体正投影面积总和占该场地硬化地面面积的比率（％）。遮阳覆盖率高，户外活动场地的热舒适性就会提高，场地的利用率就高；反之则低。对各地典型的居住区详细规划设计案例样本进行统计分析，不同场地上的遮阳覆盖率结果如表3.4所示，居住区绿化遮阳覆盖率结果如表3.5所示。

考虑到我国南、北方地区的气候特点，以及在日照要求和可用于遮阳的植物种类等方面存在差异，当南方地区的遮阳覆盖率设计限值取接近典型案例的最大值、北方地区的设计限值取接近典型案例的平均值时，计算居住区的热岛强度和湿球黑球温度可以满足热舒适和热安全要求，依此确定了居住区场地遮阳覆盖率的限值。

住区的户外活动场地主要是广场、人行道、游憩场、停车场四类，应分别计算其遮阳覆盖率，并以空地遮阳覆盖率来评价居住区空地整体的遮阳覆盖水平。居住区夏季户外活动场地的遮阳覆盖率不应小于表3.6中的规定。需要强调的是，规定该限值的主要目的在于保证居住区户外环境具有基本的遮阳能力，为居民户外活动舒适性和身心健康要求提供基本条件。实践证明，户外环境遮阳发挥的作用也是其他降温措施所无法替代的，因此，即使采用居住区评价性设计，场地遮阳覆盖率也应符合该设计限值的要求。

表3.4 居住区规划设计案例不同场地上的遮阳覆盖率

小 区	广 场	游憩场	停车场	人行道
广州案例1	0.75％	—	—	10.42％
广州案例2	0.23％	—	0.64％	5.48％
广州案例3	—	—	—	41.40％
广州案例4	5.59％	—	—	13.30％
广州案例5	—	—	—	6.91％

45

续表

小　区	广　场	游憩场	停车场	人行道
广州案例6	—	—	—	21.72%
广州案例7	22.00%	13.68%	—	29.46%
广州案例8	—	30.60%	—	0.82%
广州案例9	—	—	—	39.60%
广州案例10	—	3.75%	—	5.13%
广州案例11	—	28.46%	—	64.04%
广州案例12	5.80%	16.43%	—	6.07%
广州案例13	—	—	—	39.17%
广州案例14	—	14.39%	—	1.20%
广州案例15	7.09%	—	—	1.68%
广州案例16	—	14.55%	—	16.69%
广州案例17	—	12.40%	—	1.68%
淮南案例1	4.51%	19.09%	4.83%	39.41%
常熟案例1	—	—	—	17.77%
常熟案例2	5.30%	—	2.22%	23.25%
常熟案例3	—	—	24.06%	34.09%
常熟案例4	0.25%	—	30.22%	19.28%
常熟案例5	—	—	5.41%	25.59%
重庆案例1	—	14.28%	3.48%	15.29%
重庆案例2	—	—	12.08%	0.59%
重庆案例3	—	—	—	18.97%
重庆案例4	26.70%	—	0.14%	—
洛阳案例1	—	—	0.68%	—
上海案例1	—	—	0.64%	3.84%
绵阳案例1	8.48%	10.47%	4.94%	10.52%
绵阳案例2	2.79%	13.87%	1.04%	0.07%
绵阳案例3	—	8.77%	18.41%	6.87%
绵阳案例4	—	—	1.04%	0.36%
绵阳案例5	—	—	6.95%	14.19%

表3.5　居住区绿化遮阳覆盖率

建筑气候区	遮阳部位	广　场	游憩场	停车场	人行道
Ⅲ	最大	26.70%	19.09%	30.22%	39.41%
	最小	0.25%	8.77%	0.14%	0.07%
	平均	8.00%	13.29%	7.74%	15.34%
Ⅳ	最大	22.00%	30.60%	0.64%	64.04%
	最小	0.23%	3.75%	0.64%	0.82%
	平均	6.90%	16.78%	0.64%	17.93%
最大值		26.70%	30.60%	30.22%	64.04%
平均值		7.45%	15.00%	7.30%	16.64%

表3.6　居住区活动场地的遮阳覆盖率限值

场　　地	Ⅰ、Ⅱ、Ⅵ、Ⅶ气候区	Ⅲ、Ⅳ、Ⅴ气候区
广　　场	10%	25%
游憩场	15%	30%
停车场	15%	30%
人行道	25%	50%

　　值得说明的是,《绿色建筑评价标准》(GB/T 50378—2019)[12]从降低热岛强度出发,提出了场地中处于建筑阴影区外的步道、游憩场、庭院、广场等室外活动场地设有乔木、花架等遮阴措施的面积比例,住宅建筑达到30%或者50%,得2分或3分。建筑阴影区为夏至日8:00~16:00时段在4 h日照等时线内的区域。户外活动场地遮阴面积=乔木遮阴面积+构筑物遮阴面积-建筑日照投影区内乔木与构筑物的遮阴面积,其中建筑日照投影区即上述所说的建筑阴影区,乔木遮阴面积按照成年乔木的树冠正投影面积计算,构筑物遮阴面积按照构筑物正投影面积计算。对于首层架空构筑物,架空空间如果是活动空间,可将其计算在内。室外活动场地包括步道、庭院、广场、游憩场和非机动车停车场,但不包括机动车道和机动车停车场。

2. 绿化遮阳体的叶面积指数

　　叶面积指数(leaf area index,LAI)也称为叶面积系数,是衡量植物遮阳体遮阳性能的指标。在植物学中,它是用来描述植物冠层表面物质、能量交换的定量指标,是估计植物冠层功能的重要参数,也是生态系统中最重要的结构参数之一。叶面积指数有很多不同的定义和解释,最常用的定义是以植物叶子单面的总面积占单位水平土地面积的比值作为叶面积指数。为确保居住区环境设计中所选择的乔木或爬藤既有良好的遮阳效果又有足够的生态绿量，需要针对独立的乔木规定其叶面积指数的计算方法。独立树木的树冠叶面积指数是树冠单面叶面积的总和占该树冠地面投影面积的比值，树冠地面投影面积按树冠设计半径的圆面积计算。

植物遮阳体对入射的太阳辐射有再分配作用。生态学研究表明，当太阳辐射到达树冠时，有$10\%\sim15\%$被反射，有$36\%\sim80\%$被植物叶面吸收用于光合作用和蒸腾作用，透射的只有$10\%\sim20\%$。植物遮阳体的遮阳性能主要取决于植物枝叶的茂密程度，衡量的指标为植物遮阳体的叶面积指数。叶面积指数（LAI）与太阳辐射透射比（SRT）之间符合朗伯-比尔（Lambert-Beer）定律：

$$LAI = \frac{1}{K}\big[-\ln(SRT)\big] \tag{3.1}$$

式中　K——植物冠层的消光系数，一般在$0.13\sim1.15$变化，其平均值为0.64。

具有良好遮阳效果的植物冠层平均的太阳辐射透射比为0.15，为了引导在居住区热环境设计时正确选用遮阳效果良好的乔木树种和爬藤种群，以植物遮阳体的太阳辐射透射比不超过0.15作为设计限值，所对应的植物遮阳体的叶面积指数为2.96，近似取为3.0。因此，住区绿化遮阳体的叶面积指数不应小于3.0。当设计的绿化遮阳体的叶面积指数不能满足该限值要求时，应按照住区热环境评价性设计方法，通过调整绿地率、遮阳覆盖率、地面渗透面积比率、通风架空率等其他技术措施，使得居住区平均热岛强度和湿球黑球温度符合设计要求。

叶面积指数（LAI）是一个无量纲、动态变化的参数，随着叶子数量的变化而变化。此外，植物叶子的生长与植物种类自身特性、外部环境条件以及人为管理方式有关。再加上LAI的不同定义和假设导致了LAI值测量的极大差异。LAI实地测量方法包括直接测量方法和间接光学测量方法。一种是直接法测量，通过先测定叶面积，再计算LAI。叶面积的测量方法，如用球积仪测定法、称纸法、方格计算法、排水法、经验公式计算法、树木解析法、点接触法、叶面积测定仪等，多数属于毁坏性测量，一些经验方法等也存在误差较大的缺陷。另一种是间接法测量，有两种方法，即顶视法和底视法。顶视法即用传感器从上向下测量，遥感方法就属于这种方法，其原理是利用地物的反射光谱；底视法是用传感器从下向上测量，其优点是适合于对森林的测试，无须使用遥感平台，并可以作为植物定量遥感的地面定标手段，主要是用光学仪器观测辐射透过率，再根据辐射透过率算出LAI，其中数字植物冠层图像分析仪方法就属于这种方法。

刘之欣在研究乔木对广州的室外热环境的影响时，对四种乔木进行了详细的形态特征测试（见表3.7），并通过大量的测试获得四种树木的树形预测模型（见表3.8）[32]。当然这四种树木不能代表我国丰富的乔木种类，但是这种研究方法是可以借鉴和推广的。

表3.7 四种树木形态特征实测结果

类型	项　目		白兰	芒果	细叶榕	红花羊蹄甲
树冠形状	树高/m		6.8	9.4	8.1	14.4
	冠幅/m		4.4	9.8	11.0	9.4
	枝下高/m		2.2	2.5	1.3	1.6
树根形状	根深/m		0.45	0.45	0.60	0.60
	根幅/m		6	7	8	10
叶片属性	叶片反射率		0.28	0.27	0.31	0.31
	叶面积指数LAI/（m²/m²）		1.91	2.36	3.88	4.17
	叶面积密度LAD/（m²/m³）	1 m处	—	—	—	—
		2 m处	0.12	0.07	0.16	0.06
		3 m处	0.25	0.12	0.29	0.08
		4 m处	0.49	0.20	0.54	0.11
		5 m处	0.62	0.34	0.92	0.16
		6 m处	0.44	0.51	1.08	0.22
		7 m处	—	0.56	0.88	0.31
		8 m处	—	0.48	0.01	0.43
		9 m处	—	0.08	—	0.56
		10 m处	—	—	—	0.64
		11 m处	—	—	—	0.63
		12 m处	—	—	—	0.57
		13 m处	—	—	—	0.39
		14 m处	—	—	—	0.01

表3.8 树形回归预测模型

树　种	树形预测模型
白　兰	$DBH=6.3884CD-16.693$
	$LAI=0.0826DBH+0.6763$
	$H=0.295DBH+4.0733$

树　种	树形预测模型
芒　果	$DBH=3.6201CD+3.3255$
	$LAI=0.1774DBH-1.7147$
	$H=0.1347DBH+3.3171$
细叶榕	$DBH=1.9591CD+7.2217$
	$LAI=0.2257DBH-0.856$
	$H=0.1737DBH+2.2038$
红花羊蹄甲	$DBH=1.9381CD+3.2406$
	$LAI=0.306DBH-1.5306$
	$H=0.1295DBH+4.8901$

注：DBH 为胸径，cm；CD 为冠幅，m；LAI 为叶面积指数，m^2/m^2；H 为树高，m。

3.2.2　住区环境遮阳措施

可为户外活动场地提供遮阳的物体统称为遮阳体，可分为构筑物遮阳体和绿化遮阳体两类。构筑物遮阳体为可遮阳的人工构筑物及其所属部件，如候车亭棚盖、廊道棚架、凉亭顶盖、张拉膜等，绿化遮阳体为可遮阳的立体绿化部位，如乔木的树冠、爬藤的棚架等。居住区环境遮阳应采用乔木类绿化遮阳方式，或者应采用庇护性景观亭、廊或固定式棚、架、膜结构等的构筑物遮阳方式，抑或应采用绿化和构筑物混合遮阳方式。

当构筑物遮阳构架或遮阳构架连同上部覆盖的爬藤植物整体的太阳直射透过率高于80%时，构架的遮阳效果微弱，不应计入遮阳面积；当乔木树冠的叶面积指数低于3.0时，树冠的遮阳能力微弱，也不应计入遮阳面积。

遮阳体透过的太阳辐射占入射太阳辐射的比值为太阳辐射透射比（solar radiation transmissivity）。遮阳体的太阳辐射透射比是衡量遮阳体遮阳效果的指标，按照遮阳体的分类，分为构筑物遮阳体的太阳辐射透射比和绿化遮阳体的太阳辐射透射比。当居住区热环境按评价性设计时，遮阳体的太阳辐射透射比可按照遮阳体类型和特性参照附录B取值。

1. 乔木类绿化遮阳

近年来随着经济和园林技术的发展，居住区依靠植物遮阳的手法十分丰富（见图3.7~图3.11）。

图3.7　宅间路小乔木遮阳

图3.8　游戏场绿化遮阳

图3.9　人行道遮阳

图3.10　密实硬地的遮阳

图3.11　停车场的乔木绿化遮阳

研究表明：针叶林的LAI值变化范围为0.6～16.9，落叶林的LAI值变化范围为6～8，年收获作物的LAI值变化范围为2～4，绝大部分生物群系的LAI值变化范围为3～19，采用叶面积指数不低于3.0作为植物有效遮阳的规定指标，对于绝大多数的园林绿化树种和爬藤植物是容易实现的。对于叶面积指数低于3的乔木，如大王椰树一类观赏类植物，遮阳效果微弱，若按规定性设计，不应计入遮阳面积。

在Ⅰ、Ⅱ、Ⅵ、Ⅶ建筑气候区（严寒和寒冷地区），影响建筑或小区场地冬季日照的绿化遮阳应采用落叶物种或活动式的遮阳设施。此类气候区冬季日照要求严格，但近年来夏季城市过热现象正在逐渐加剧，居住区的树荫、庇荫环境是人们户外活动的重要场所，因此户外也应保持足够的遮阳覆盖率。但通常户外遮阳设施不应影响底层住户的冬季日照条件，当宅间小路或宅旁绿地需要设置乔木遮阳时，应选择冬季落叶树种，此时，符合绿量指标要求（叶面积指数3.0以上）的乔木冠幅面积可以计入夏季的遮阳覆盖率，冬季落叶后也不影响底层邻近建筑的日照，因此，在日照设计时可不考虑其遮挡。

2. 构筑物遮阳

近年来，随着经济技术的进步，景观要素十分丰富，特别是在气候炎热的南方地区，适合遮阳的物种繁多，可发挥遮阳作用的景观设施和做法琳琅满目（见图3.12~图3.14），容易实现要求的遮阳覆盖率。但考虑到严寒和寒冷地区与夏热冬冷、夏热冬暖以及温和地区的气候特点，在日照要求和可用于遮阳的植物种类等方面存在差异，故严寒和寒冷气候区的指标略低于夏热冬冷、夏热冬暖以及温和地区。对于停车场而言，由于汽车受太阳辐射后既恶化周围环境也增加汽车油耗，故应按车位设计遮阳。

图3.12 车道的混合遮阳

图3.13 人行道的构筑物遮阳

图3.14　停车场的构筑物遮阳

　　与乔木遮阳相同，在Ⅰ、Ⅱ、Ⅵ、Ⅶ建筑气候区，影响建筑或小区场地冬季日照的遮阳体应采用活动式的构筑物遮阳。

3. 建筑遮阳

　　居住区宜合理利用建筑阴影为居住区环境遮阳。夏季建筑的阴影能够改善居住区热环境，随着建筑密度的提高，居住区户外地面的阴影覆盖面积会增大，有利于环境夏季降温，但有可能影响建筑日照和环境通风。因此，对于严寒和寒冷地区，必须以满足冬季日照要求为前提，有条件地利用建筑物自身遮挡的阴影；对于夏热冬冷、夏热冬暖以及温和地区，应以满足通风、日照为主，合理地利用建筑自身遮阳。在居住区设计范围内，建筑阴影率是以夏季典型日太阳位置为准逐时计算由建筑物自身遮挡在空地上形成的逐时阴影面积占居住区设计范围总面积的比率。若建筑阴影与绿化遮阳、构筑物遮阳重叠，重叠部分面积不重复计算。

　　在住区热环境规定性设计时，建筑阴影不参与遮阳覆盖率的计算，但在住区热环境性能化设计时，即当计算平均热岛强度和湿球黑球温度时，应考虑建筑阴影率的影响。

3.3　渗透与蒸发

　　居住区户外活动场地和行人道路地面具有雨水渗透与蒸发能力，是硬化地面被动降温的有效措施之一。根据近年来建成环境的案例调查，因居住区无渗透能力硬化地面受夏季日晒和高温空气加热影响，地表温度过高。测试结果表明，普通沥青、水泥、陶瓷面砖以及各种石材地面，夏季太阳辐射后的地面温度高达

45~65 ℃，导致上部局部空间的热岛强度达到3~5 ℃，地面逆向热辐射强烈，硬化地面的长波热辐射强度最高可达200~400 W/m²。特别是在南方地区，夏季太阳高度角高、日照时间长、散射强度高，导致密实性硬化地面热环境恶化更为强烈，居民出行时往往可以撑伞遮阳但无法躲避地表高温的长波热辐射，严重影响了居民在居住区进行户外活动，增加了居民户内滞留时间，且在一定程度上加剧了建筑的空调能耗。此外，研究也表明，单位面积的硬化地面造成的环境过热后果需要若干倍面积的绿地才能消除。而渗透性地面因含水蒸发冷却效应，地表温度可以下降5~25 ℃，地面的长波辐射强度可以降低100~300 W/m²，地面烘烤感明显下降，人体热舒适感显著提高。因此，住区透水下垫面铺装可以限制居住区环境的局部地表高温，提高户外活动空间的热舒适感，提高居民的户外活动概率，有助于居住建筑的节能。

同时，居住区设计雨水渗透地面是居住区雨水利用的重要组成部分。无渗透能力的地面在降雨季节易积水，雨水径流经过雨水井排入雨水管道，也增加城市排洪压力，不能补给地下水，不利于自然水体循环；而渗透性地面在降雨时能减小居住区排水系统压力，并且降雨或降雪后渗透性地面不易打滑，能够确保居民活动安全。

3.3.1　渗透面积比率设计要求

国内近年来的建成居住区有95％以上不同程度地采用了渗透性地面做法，这一比例还在逐年增大。但调查表明，仍存在渗透性地面布置区位不适当、渗透面积比例不够、渗透性地面做法不合理等现象，导致渗透性地面设计的蒸发量不足，当环境高温时不能有效发挥其渗透蒸发降温作用。因此，有必要对居住区地面的渗透和蒸发给出具体规定。

居住区户外活动场地和人行道路地面应有雨水渗透与蒸发能力，渗透与蒸发效果用渗透面积比率、地面透水系数、蒸发量三个指标来评价。之所以不对地面的保水性做出规定，是因为这一指标不能反映地面的降温能力，即受材料毛细作用影响，保水性与蒸发量相关性不显著。

各气候区的渗透面积比率、地面透水系数、蒸发量指标不应低于表3.9的规定。当不能满足该限值要求时，应按照住区热环境评价性设计方法，通过调整绿地率、遮阳覆盖率、地面渗透面积比率、通风架空率等其他技术措施，使得居住区平均热岛强度和逐时湿球黑球温度符合设计要求。

表3.9 居住区地面的渗透与蒸发指标

地　　面	Ⅰ、Ⅱ、Ⅵ、Ⅶ气候区			Ⅲ、Ⅳ、Ⅴ气候区		
	渗透面积比率 β（%）	地面透水系数 $k/$（mm/s）	蒸发量 $m/[\text{kg}/（\text{m}^2 \cdot \text{d}）]$	渗透面积比率 β（%）	地面透水系数 $k/$（mm/s）	蒸发量 $m/[\text{kg}/（\text{m}^2 \cdot \text{d}）]$
广　场	40			50		
游憩场	50	3	1.6	60	3	1.3
停车场	60			70		
人行道	50			60		

1. 渗透面积比率

渗透面积比率（penetration area ratio，β）是指在居住区的广场、人行道、游憩场、停车场等硬化地面范围内渗透性地面面积占硬化地面总面积的比率（%）。户外活动场地的硬化地面主要包括广场、人行道、游憩场、停车场四类，应分别计算其渗透面积比率，即分别计算居住区内人活动场地的不同硬化地面，透水性材料铺装的渗透性地面面积所占的比率。渗透面积比率高则户外活动场地地面的温度较低，热辐射较小，热舒适性高，场所的利用率也高，反之则差。

2. 透水系数

透水系数（permeability coefficient，κ_T）是表征透水性材料水渗透能力的指标，单位为mm/s。其定义为单位厚度的匀质材料在单位水位差作用下单位时间内通过单位面积的渗出水量。

参照国家标准《透水路面砖和透水路面板》（GB/T 25993—2010），透水系数按式（3.2）计算：

$$\kappa_T = \frac{QL}{AHt} \tag{3.2}$$

式中　κ_T——水温为 T ℃时试样的透水系数，mm/s；

　　　Q——时间 t 秒内的渗出水量，mL；

　　　L——试样的厚度，mm；

　　　A——试样的上表面面积，cm^2；

　　　H——水位差，cm；

　　　t——时间，s。

透水系数的结果以三块试样的平均值表示，计算精确至 1.0×10^{-2} mm/s。

地面透水系数（ground permeability coefficient，k）是单位水位差作用下单位时间内通过单位面积地面构造的渗出水量，取地面构造中各构造层的透水系数最小值，构造层的透水系数为各组成材料的透水系数的面积加权平均值，单位为mm/s。

地面透水系数是衡量渗透地面透水能力的指标。人工地面是在土壤面以上由多个构造层组合而成的构造体，其中的任何一个构造层的透水能力差甚至不透水都将影响整个地面的透水性能。如果地表采用的透水砖透水性良好，而其下采用的钢筋混凝土垫层的透水系数为零，雨水不能够通过地面渗入自然土壤进入生态循环链，地表水分蒸发也不能通过毛细作用从自然土壤中吸收水分予以补充，此类地面不应计入透水地面，则该地面的透水系数也应为零。因此，应以透水性能最差的构造层的透水系数作为衡量地面透水性能的指标。

3. 蒸发量

保证地面降温效果的关键因素是其应具备足够的蒸发能力，蒸发量的大小可反映这种能力，蒸发量大的地表降温效果显著。蒸发量（water evaporation weight，m）是在当地典型气象日条件下，地面材料饱和吸水后单位面积的水分蒸发量，分为逐时蒸发量［单位为 kg/(m²·h)］和日蒸发量［单位为 kg/(m²·d)］。蒸发量是衡量渗透地面蓄水、迁移、蒸发能力的指标。

表3.9中渗透地面的蒸发量限值是根据对近年来国内自主生产的透水性地面材料如透水性沥青、透水性地面砖，利用动态热湿气候风洞实验检测方法普测结果确定的，如图3.15所示。规定这一限值的另一个目的是限制不具备降温能力的地面做法，类似于普通水泥路面砖锁扣式铺装路面就是一种典型的透水但不降温的做法。

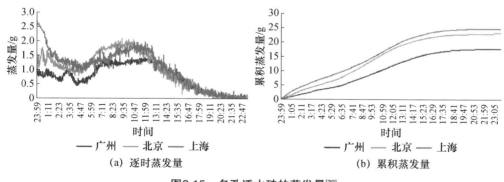

（a）逐时蒸发量　　　　　　　　（b）累积蒸发量

图3.15　多孔透水砖的蒸发量[39]

3.3.2 渗透地面的构造做法

为确保地面应具有最基本的渗透和蒸发能力，需保证铺装地面材料的性能；此外，地面砌筑形式不同，会影响到渗透和蒸发效果，如采用锁扣式铺装则效果较好，《城市居住区热环境设计标准》（JGJ 286—2013）仅仅提出了基本要求，也是为了方便设计，未对构造方法做规定。但渗透地面的构造同时应满足场地渗透和抗压强度要求。

近年来，为了响应绿色社区和生态社区的要求，各地很多居住区的道路和广场地面工程使用了透水性地面铺装材料，如图3.16所示。但实际情况并不理想，主要是我国还没有相关标准规定，各地做法不统一，渗透地面的构造不合理导致问题路面较多，特别像停车场一类对抗压强度要求较高的场地，经常发生断砖、返浆、积水，给该项技术的推广带来负面影响；也有地面下基层仍然采用密实混凝土甚至采用钢筋混凝土作为刚性持力层，既加剧了地面铺装材料的破坏，也阻挡了雨水的深度渗透。

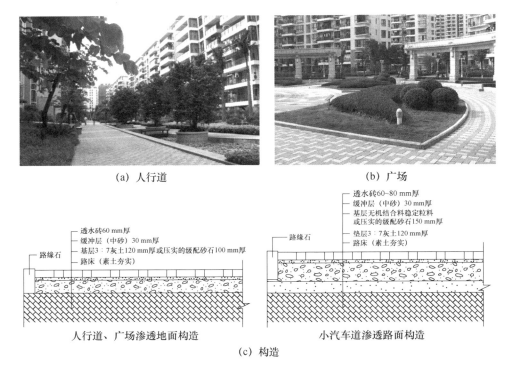

(a) 人行道　　　　　　　　　　　　　　　　(b) 广场

人行道、广场渗透地面构造　　　　　　小汽车道渗透路面构造

(c) 构造

图3.16　透水性地面铺装

3.3.3 水景降温

居住区宜利用室外水景蒸发降温。室外水景工程蓄水的蒸发散热可以改善居住区室外热环境。为保证有足够的水体容纳吸收的热量，不至于造成水景表面温度升高太多，水深应不小于300 mm，若累计水域面积不足50 m²，可将其纳入绿地面积而不需进行单独计算。居住区范围内的跌水、喷泉、溪流、瀑布等动态水景（见图3.17～图3.19），可以扩大水与空气的接触面积，加快蒸发速度，提高水景的降温加湿效果。

图3.17 喷泉的蒸发降温

图3.18 居住区的景观水体降温

图3.19 跌水的蒸发降温

居住区休憩场所宜采用人工雾化蒸发降温。对于户外休憩场所，在夏季炎热高温时，也可以采用雾化通风设备进行环境降温。在东南亚地区，这一做法较为普遍，可有效防止户外活动场地人群高温中暑。近年来，该做法在我国南方的一些居住区的公共休憩场所也有应用，如图3.20所示。

图3.20　休憩场所的风机雾化蒸发降温

3.4　住区绿化

居住区绿化和绿地有调节环境空气的碳氧平衡、滞尘、吸收有毒气体、减菌等作用。植物对细颗粒物、粗颗粒物都有吸附作用，可以降低空气中颗粒物的浓度，环境效益十分显著。此外，植物的茎叶和种植层具有截流和吸收雨水的功能，可以把大量的降水储存起来，有助于城市有效蓄积和利用雨水，减轻城市排水系统压力。但最突出的作用是降温增湿、调节环境空气的温度和湿度。研究表明，在夏季居住区绿化状况良好时，环境气温可降低2～4℃，绿地比非绿地气温降低3～5℃。若绿地上种植灌木和乔木，环境降温效果更加显著。树冠可以反射部分太阳辐射带来的热能（20%～50%），更主要的是树冠能通过光合作用、蒸腾作用消耗大量辐射热（吸收辐射热35%～75%），透过辐射热很少（5%～40%），同时释放大量的水分，增加环境空气的湿度（18%～25%）。对于夏季高温干热地区，增湿作用可以提高环境的舒适度。冬季，绿地中树冠对地面辐射的反射作用以及绿地对地表风速的抑制作用，会一定程度地减少绿地内部热量的散失。测试表明，北京地区冬季绿地的温度要比没有绿化的地面高出1℃左右。现行"国家绿标2019"和各地城市规划法规均规定了居住区绿地和绿化的设计指标，旨在确保居住区具备基本的气候环境调节能力，提高居民的身心健康，奠定绿色建筑和生态住区环境基础。

3.4.1　屋面绿化面积设计要求

国内较多的城市出台了建筑屋顶绿化的规定，从改善城市热环境、美化城市角度来看，推行屋顶绿化是一种必然趋势（见图3.21、图3.22）。考虑到屋顶绿化也是一项有效的建筑降温节能措施，《城市居住区热环境设计标准》（JGJ 286－2013）规定居住区内建筑屋面的绿化面积不应低于可绿化屋面面积的50%。这一指标是参考各地的规定以及分析目前各类平屋面景观设计的案例而设定的。由于各地储备的屋顶绿化植物物种较多，适合于各种造价的植被类型选择较多，达到50%的指标易于实现。当不能满足该限值要求时，应按照住区热环境评价性设计方法，通过调整绿地率、遮阳覆盖率、地面渗透面积比率、通风架空率等其他技术措施，使得居住区平均热岛强度和逐时湿球黑球温度符合设计要求。

图3.21　单栋住宅屋顶绿化　　　　图3.22　组团屋顶绿化

3.4.2 绿容率

目前，常见的绿地率指标是十分重要的场地生态评价指标，同时也是规划指标。但由于乔木、灌木、草地生态效益的不同，绿化主要通过遮挡、蒸腾作用改变周围环境的小气候参数（如辐射、空气温度、湿度和风速），从而影响周边的人体热舒适感觉，因此，乔木对热环境的改善作用最显著，灌木次之，草地最弱。墨尔本的"城市森林策略2012—2032"（Urban Forest Strategy 2012—2032）提出将城市的树木覆盖率从22%提升至40%，用于减缓城市气候变暖；美国洛杉矶和纽约发起了"百万棵树"（Million Trees）计划；多伦多发起了名为"每棵树都很重要：多伦多城市森林肖像"（Every Tree Counts: A Portrait of Toronto's Urban Forest）的研究[33]。这些行动无一不在强调树木对城市气候营造的重要作用。《城市居住区规划设计标准》（GB 50180—2018）对居住区的绿地率提出了强制性要求（见表3.10）。当住宅建筑平均层数在7层及7层以上时，绿地率的最小值大于或等于30%，但对于低层或多层I类居住区，其绿地率最小值会出现小于30%的情况，需要注意热环境的营造。《城市居住区热环境设计标准》（JGJ 286—2013）从热环境的角度明确了绿地率的要求，同时补充了对乔木的要求，规定为："城市居住区详细规划阶段热环境设计时，居住区应做绿地和绿化，绿地率不应低于30%，每100 m²绿地上不少于3株乔木。"

表3.10　居住街坊用地与建筑控制指标

建筑气候区划	住宅建筑平均层数类别	住宅用地容积率	建筑密度最大值（%）	绿地率最小值（%）
I、VII	低层（1层~3层）	1.0	35	30
		1.0、1.1①	42	25
	多层I类（4层~6层）	1.1~1.4	28	30
		1.4、1.5①	32	28
	多层II类（7层~9层）	1.5~1.7	25	30
	高层I类（10层~18层）	1.8~2.4	20	35
	高层II类（19层~26层）	2.5~2.8	20	35

建筑气候区划	住宅建筑平均层数类别	住宅用地容积率	建筑密度最大值（%）	绿地率最小值（%）
Ⅱ、Ⅵ	低层（1层～3层）	1.0～1.1	40	28
		1.1、1.2①	47	23
	多层Ⅰ类（4层～6层）	1.2～1.5	30	30
		1.5～1.7①	38	28
	多层Ⅱ类（7层～9层）	1.6～1.9	28	30
	高层Ⅰ类（10层～18层）	2.0～2.6	20	35
	高层Ⅱ类（19层～26层）	2.7～2.9	20	35
Ⅲ、Ⅳ、Ⅴ	低层（1层～3层）	1.0～1.2	43	25
		1.2、1.3①	50	20
	多层Ⅰ类（4层～6层）	1.3～1.6	32	30
		1.6～1.8①	42	25
	多层Ⅱ类（7层～9层）	1.7～2.1	30	30
	高层Ⅰ类（10层～18层）	2.2～2.8	22	35
	高层Ⅱ类（19层～26层）	2.9～3.1	22	35

①该容积率为当住宅建筑采用低层或多层高密度布局形式的情况。

绿地率这样的面积型指标无法全面表征场地绿地的空间生态水平，同样的绿地率在不同的景观配置方案下代表的生态效益差异可能较大。尽管考虑到绿地率的局限性，《城市居住区热环境设计标准》（JGJ 286—2013）补充了乔木数量的规定，但不同类型的乔木的热表现还是有差别的。

《绿色建筑评价标准》（GB/T 50378—2019）提出了绿容率的概念。绿容率是指场地内各类植被叶面积总量与场地面积的比值。叶面积是生态学中研究植物群落、结构和功能的关键性指标，它与植物生物量、固碳释氧、调节环境等功能关系密切，较高的绿容率往往代表较好的生态效益。因此，绿容率可以作为绿地率的有效补充。

中国各气候区植被生长情况差异较大，为便于评价，绿容率可采用如下简化计算公式[12]：

绿容率＝[∑（乔木叶面积指数×乔木投影面积×乔木株数）＋
灌木占地面积×3＋草地占地面积×1]/场地面积

其中，冠层稀疏类乔木叶面积指数按2取值，冠层密集类乔木叶面积指数按4取值；乔木投影面积按苗木表数据进行计算，可按设计冠幅中间值进行取值；场地内的立体绿化（如屋面绿化和垂直绿化）均可纳入计算。

为合理提高绿容率，可优先保留场地原生树种和植被，合理配置叶面积指数较高的树种，提倡立体绿化，加强绿化养护，提高植被健康水平。在绿化配置时，应避免影响低层用户的日照和采光。

除上述简化计算方法外，鼓励有条件的地区采用当地建设主管部门认可的常用植物叶面积调研数据进行绿容率计算，也可提供以实际测量数据为依据的绿容率测试报告，测量时间可选择全年叶面积较多的季节，对乔木株数、乔木投影面积（即冠幅面积）、灌木和草地占地面积、各类乔木叶面积指数等进行实测。

3.4.3 绿化关键技术

建筑屋顶绿化宜采用生命力强、易于管理、耐旱、耐寒能力强的植物。近年来，全国各地都有适合于当地的屋顶绿化物种，经过改良的佛甲草就是其中一种。

墙面绿化宜采用叶片重叠、覆盖率较高的爬藤植物。为提高立面绿化降温效果，宜选择叶片遮阳效果明显的爬藤植物，如紫藤、炮仗花、爬墙虎、金银花、常春藤等。

绿化物种宜选择适应当地气候和土壤条件的植物。各地绿化物种多样，关键要保证其适应当地的气候条件，避免盲目追求绿化景观效果，忽视植物生长条件。

绿地率、乔灌草配置比例、乔木种类、种植方式都会对住区热环境产生影响。对于种植方式来说，间距相等的阵列式点植能够有效增大场地的阴影率、避免树冠不必要的重叠。当种植间距与冠幅的比例保持在 1：1 时，树木对场地热环境的调节效率相对较高。同时，能够在太阳高度角较低的傍晚有效增大阴影面积的种植方式需要被重视。对于树种来说，树高较高、叶面积指数较大、枝下高较低、树冠较宽阔的树木是比较好的选择。在居住区环境中，景观设计师应当不仅关注树木种植，同时也需要关注周边建筑的布局情况，它们是营造中心绿地热环境的基础环境因素。周围建筑会使中心绿地的人体总得热量较空旷处的增加。周围建筑对中心绿地热环境的负面作用主要来源于两方面。一方面，正午时分人体吸收的太阳辐射下降值十分有限，建筑的确能够产生阴影，但在正午时分建筑能够产生的、照射在中心绿地的阴影面积非常少。另一方面，由于其较高的表面温度，建筑对人体吸收的长波辐射具有明显的增大作用，特别是在西晒较强烈的傍晚时分，与空旷处相比，居住区中树木阴影与建筑阴影重叠，削弱了树木的遮阴作用。对于长波辐射来说，树木能够通过树冠遮挡建筑表面释放的长波辐射，其数值远大于树冠本身释放的长波辐射。

4　住区热环境性能性评价

　　第3章针对影响居住区热安全和舒适度的因素，从通风、遮阳、渗透与蒸发、绿地与绿化等方面进行了介绍。当住区热环境设计不能完全满足规定性设计要求时，采用评价性指标计算、调整热环境的设计方案，使综合热环境设计指标满足标准要求的设计方法称为评价性设计。按评价性指标设计主要是针对不满足规定性条文的设计方案，可以通过调整设计、加强或采取其他有利做法使得热环境的评价指标能够满足要求，但无论如何调整，平均迎风面积比和遮阳率的要求是影响居住区热安全性和热舒适性最为敏感的关键性指标，故设计时必须遵守。

4.1　性能性评价指标

　　居住区热环境参数类型与典型气象日的气象参数类型相互对应，包括气温、相对湿度、太阳总辐射、太阳散射辐射、风速等，但由于参数种类多、逐时数据量大、变化规律不强，设计时不易做出评判，国际上通常采用的基于气温变化而产生的热岛强度仅仅反映环境气温的变化规律，没有反映热环境的综合水平，不能反映热环境的适应性和安全性。近年来，国内外针对室外热环境的适应性研究很多，其中湿球黑球温度这一指标综合了环境的气温、湿度、辐射照度、风速四个热环境参数，形成了国际标准，我国也根据这个指标制定了户外作业场所的热安全标准，因此，《城市居住区热环境设计标准》（JGJ 286—2013）采用湿球黑球温度作为居住区热环境安全性评价的设计指标。

　　目前城市热岛效应在逐年加剧，带来的潜在危害波及城市各行业，在国内外气象学、地学、环境科学、建筑物理学等不同学科领域中，惯用热岛强度指标评价区域的热环境，可以环比热环境状况的差别，主要比较居住区与当地气象站之间的气温状况差异以及同一城市不同居住区之间的差异。热岛强度指标大小能够评价居住区之间的热环境质量差别，更能清晰地评判不同设计方案的优劣，故

《城市居住区热环境设计标准》（JGJ 286—2013）同时也采用热岛强度作为居住区热环境的设计指标。

居住区热环境设计的目标是必须保证居住区环境的热安全，限制居住区的热岛效应。城市居住区通过合理的规划设计达到上述两个目标后，即可从整体上提高我国居住区的环境质量水平。从热环境设计的重要性看，确保居住区热环境的安全性应是第一位的，抑制热岛效应是第二位的，而从长远的环境保护意义来看，抑制人居环境的热岛效应仍是十分重要的，因此，《城市居住区热环境设计标准》（JGJ 286—2013）强调两者并重，设计时两者均应达到规定要求；湿球黑球温度作为控制居住区环境的热安全性的指标，热岛强度作为控制居住区环境的热舒适的指标。

4.2　湿球黑球温度指标限值的确定

湿球黑球温度是综合评价人体接触作业环境热负荷的一个基本参量，用以评价人体的平均热负荷。美国国家职业安全和健康协会提出了热应力极限的标准，ISO 7243：2017采用 $WBGT$ 作为热应力指标，我国标准《热环境　根据WBGT指数（湿球黑球温度）对作业人员热负荷的评价》（GB/T 17244—1998）等效采用 ISO 7243：2017，同样采用 $WBGT$ 指数评价热作业环境和热作业人员的热负荷。其推荐的 $WBGT$ 阈值如表4.1所示。

表4.1　ISO 7243：2017推荐的 $WBGT$ 阈值[38]

新陈代谢率M/W	新陈代谢水平	$WBGT$ 阈值/℃			
		热适应差的人		热适应好的人	
$M \leqslant 117$	0	32		33	
$117 < M \leqslant 234$	1	29		30	
$234 < M \leqslant 360$	2	26		28	
		感觉无风	感觉有风	感觉无风	感觉有风
$360 < M \leqslant 468$	3	22	23	25	26
$M > 468$	4	18	20	23	25

我国标准中新陈代谢率的单位，按卫生学要求将ISO 7243中的"瓦（W）"换算为"千卡（kcal）或千焦（kJ）"同时列出，并以代谢率表示，以排除性别、年龄、体重等因素产生的差别，并补充了平均能量代谢率计算方法。ISO 7243中$WBGT$指数只根据体力作业强度不同规定了指数温度限值，而GB/T 17244—1998在其基础上，将热环境评价标准分为四级，即好、中、差、很差（见表4.2），以ISO 7243中规定的指数温度限值为"好"级，指数温度每增加1℃，降低一级。

表4.2 $WBGT$指数评价标准

平均能量代谢率等级	$WBGT$指数/℃			
	好	中	差	很差
0	≤33	≤34	≤35	>35
1	≤30	≤31	≤32	>32
2	≤28	≤29	≤30	>30
3	≤26	≤27	≤28	>28
4	≤25	≤26	≤27	>27

注：1. 表中"好"级的$WBGT$指数值是以最高肛温不超过38℃为限。

2. 本表摘自GB/T 17244—1998。

人体的生理负荷主要包括代谢负荷、受热负荷。受热负荷是指人体接触热环境发生热交换时引起生理温度（肛温）升高的热作用，是人体在热环境中的受热程度。人体的受热程度取决于体力活动的产热量、环境与人体间热交换效果以及人体的热适应。人体的热适应是指从人体生理适应过程中所获得的一种状态，当人体在接触高温环境的一段时间内，这个适应过程增加了机体的耐热力。如果人体活动强度和环境提供的热负荷条件相同，热适应者要比未适应者的生理负荷强度小，而强度相同的生理负荷，热适应者比未适应者耐受环境提供的热负荷要大。人体受热负荷水平用$WBGT$表示，则对未适应者的$WBGT$参考值为29~32℃，而对于热适应者为30~33℃，热适应者相对稍高。在一定条件下，如普通着装（热阻为0.6 clo）、体力适应性和健康状态良好，则$WBGT$的参考值如表4.3所示。该表所给出的参考值代表了个体长时间活动的平均热负荷值，未考虑个体短时间（几分钟）接触极强高温或强体力活动（如跑步）的热负荷值。

表4.3　能量代谢率分级

级别	新陈代谢率M		$WBGT$参考值		示　例
	体表面积/ （W/m^2）	整体（平均体表 面积1.8 m^2）/W	对高温 已适应者/℃	对高温 未适应者/℃	
0 休息	$M{\leqslant}65$	$M{\leqslant}117$	33	32	休　息
1 低代谢 率	$65{<}M{\leqslant}130$	$117{<}M{\leqslant}234$	30	29	坐姿：轻手工作业 立姿：闲步（速度为 3.5 km/h以下）

注：1.WBGT值是以肛温不超过38 ℃为限。

　　2.摘自GB/T 17244—1998。

当$WBGT$值取33 ℃，即当有热适应的人处于活动强度最低（休息）状态时，其生理温度（肛温）随来自环境的受热负荷增加而提高，以38 ℃作为人体生理安全的分界线，对应的受热负荷水平$WBGT$则为33 ℃。$WBGT$再增大，即便是对于有热适应的人来说，其生理温度也将超过38 ℃，意味着将超过人体生理温度的安全性界限。考虑到当地大多数人群是有热适应的，以其确定热环境的安全性限定指标更符合实际，对于少数没有热适应的人并不具有代表性，因此，居住区热环境应以有热适应的人群确定$WBGT$限值。

采用人体休息时平均代谢率为0级对应的评定等级作为居住区热环境的质量评定等级，即当$WBGT{\leqslant}33$ ℃时为"好"，当33 ℃$<WBGT{\leqslant}34$ ℃时为"中"，当34 ℃$<WBGT{\leqslant}35$ ℃时为"差"，当$WBGT>35$ ℃时为"很差"，如表4.2所示。

热环境学和生理学研究表明，适合于居住区户外热环境评价的是平均代谢率等级为0～1级，即当居住区内人群户外活动处于休息或以3.5 km/h以下速度闲步状态，为保证热适应者人体生理安全的生理指标不超过38 ℃限值，所对应的热环境的$WBGT$值应为33 ℃。因此，《城市居住区热环境设计标准》（JGJ 286—2013）考虑到不同气候区的差异，规定居住区夏季逐时$WBGT$不应大于33 ℃，居住区热环境评价以人休息状态为基准，是热环境质量水平应保证的底线。

对全国23个案例在不同气候区形成的168个样本进行计算分析，$WBGT$最大值计算结果分别如图4.1～图4.6[35]所示。大部分计算案例的$WBGT$值在25～30 ℃，占总案例数量的85％，超出30 ℃的案例个数占2％。

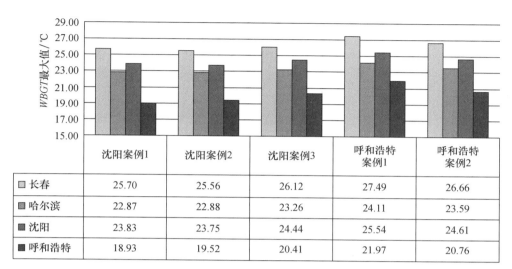

	沈阳案例1	沈阳案例2	沈阳案例3	呼和浩特案例1	呼和浩特案例2
☐ 长春	25.70	25.56	26.12	27.49	26.66
■ 哈尔滨	22.87	22.88	23.26	24.11	23.59
■ 沈阳	23.83	23.75	24.44	25.54	24.61
■ 呼和浩特	18.93	19.52	20.41	21.97	20.76

图4.1　Ⅰ气候区WBGT最大值统计

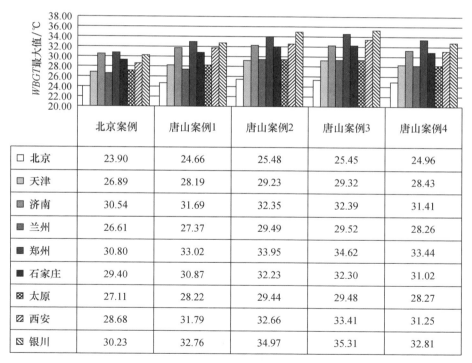

	北京案例	唐山案例1	唐山案例2	唐山案例3	唐山案例4
☐ 北京	23.90	24.66	25.48	25.45	24.96
☐ 天津	26.89	28.19	29.23	29.32	28.43
▨ 济南	30.54	31.69	32.35	32.39	31.41
■ 兰州	26.61	27.37	29.49	29.52	28.26
■ 郑州	30.80	33.02	33.95	34.62	33.44
■ 石家庄	29.40	30.87	32.23	32.30	31.02
▨ 太原	27.11	28.22	29.44	29.48	28.27
▨ 西安	28.68	31.79	32.66	33.41	31.25
▨ 银川	30.23	32.76	34.97	35.31	32.81

图4.2　Ⅱ气候区WBGT最大值统计

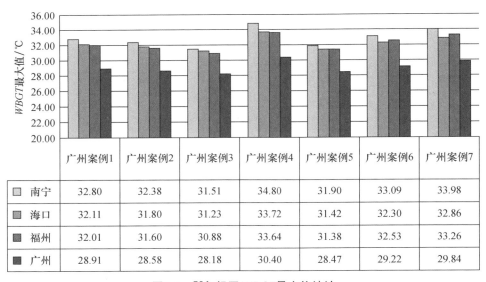

图4.3 Ⅲ气候区WBGT最大值统计

	常熟案例	淮南案例	上海案例1	上海案例2	苏州案例1	苏州案例2
□ 长沙	37.61	38.51	34.68	35.26	35.18	35.42
▨ 成都	28.78	29.06	27.37	28.27	27.45	27.44
▧ 上海	28.40	28.96	29.67	29.80	28.57	28.56
■ 武汉	37.60	38.11	34.65	36.13	35.55	35.68
■ 南京	30.40	30.40	28.61	29.79	29.13	29.18
■ 南昌	35.34	35.52	32.70	34.34	33.34	33.43
▨ 重庆	30.62	30.94	29.26	30.28	29.17	29.17
▨ 合肥	31.84	31.94	29.55	30.69	30.38	30.44

图4.4 Ⅳ气候区WBGT最大值统计

	广州案例1	广州案例2	广州案例3	广州案例4	广州案例5	广州案例6	广州案例7
▢ 南宁	32.80	32.38	31.51	34.80	31.90	33.09	33.98
▨ 海口	32.11	31.80	31.23	33.72	31.42	32.30	32.86
■ 福州	32.01	31.60	30.88	33.64	31.38	32.53	33.26
■ 广州	28.91	28.58	28.18	30.40	28.47	29.22	29.84

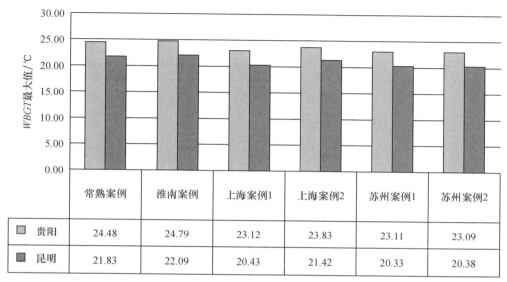

图4.5 V气候区*WBGT*最大值统计

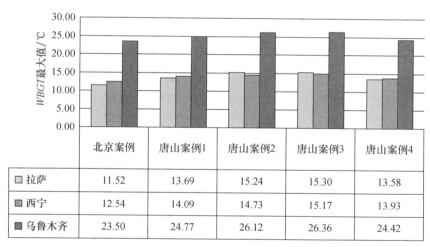

图4.6 Ⅵ、Ⅶ气候区*WBGT*最大值统计

4.3 平均热岛强度指标限值的确定

热岛效应是指一个地区（主要指城市内）的气温高于周围地区的现象，可以用两个代表性测点的气温差值（城市中某地温度与郊区气象测点温度的差值），即热岛强度表示。"热岛"现象在夏季的出现，不仅会使人们中暑的概率变大，同时

还会加重光化学烟雾污染的程度，并增加建筑的空调能耗，给人们的工作、生活带来严重的负面影响。对于居住区而言，由于受规划设计中建筑密度、建筑材料、建筑布局、绿地率、水景设施、空调排热、交通排热及炊事排热等因素的影响，居住区室外也有可能出现"热岛"现象。

在居住区热环境设计时，以居住区的设计计算温度与当地典型气象日温度的差值作为热岛强度。在居住区规划设计阶段，对居住区规划建设的设计因素引起的热岛强度应加以考虑，包括居住区的通风质量、环境的遮阳状况、硬地的渗透和蒸发能力、绿地和绿化水平等引起的热岛强度，而不包括居住区的建筑物排热、车辆排热等使用或管理行为因素引起的热岛强度。对全国23个案例在不同气候区形成168个样本进行计算分析，结果如图4.7~图4.12[35]所示。夏季典型日气象条件下，以当地太阳时8:00~18:00共11个时刻的气温增量的平均值作为居住区的设计平均热岛强度，其中占65%案例样本的设计平均热岛强度值低于1.5℃，而通风效果差、环境遮阳不足、硬化地面比例过高以及绿地偏低等因素造成设计平均热岛强度偏高而超过了1.5℃的案例占35%。热岛强度有明显的日变化和季节变化。日变化表现为夜晚强、白天弱，最大值出现在晴朗无风的夜晚。季节分布与城市特点和气候条件有关，北京是冬季最强，夏季最弱，春秋居中。上海和广州以10月最强。年均气温的城乡差值约1℃。参考《绿色建筑评价标准》(GB/T 50378—2019)中关于居住区热岛强度的指标限值，《城市居住区热环境设计标准》(JGJ 286—2013)取平均热岛强度1.5℃作为居住区热环境设计的限值。其计算方法为：在8:00—18:00，比较居住区设计的空气温度与当地典型气象日气温得出逐时温度差的平均值。

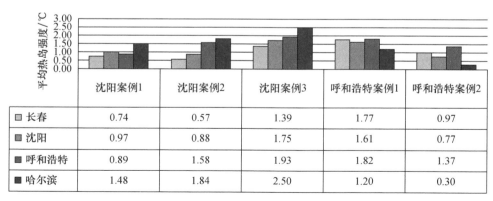

	沈阳案例1	沈阳案例2	沈阳案例3	呼和浩特案例1	呼和浩特案例2
□ 长春	0.74	0.57	1.39	1.77	0.97
▨ 沈阳	0.97	0.88	1.75	1.61	0.77
▦ 呼和浩特	0.89	1.58	1.93	1.82	1.37
■ 哈尔滨	1.48	1.84	2.50	1.20	0.30

图4.7　Ⅰ气候区平均热岛强度统计

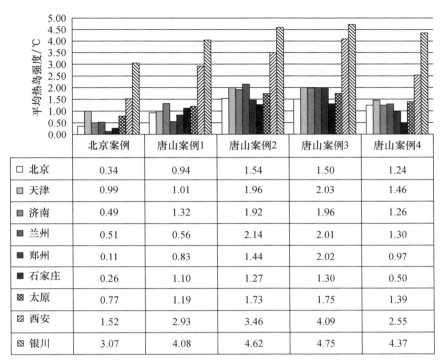

	北京案例	唐山案例1	唐山案例2	唐山案例3	唐山案例4
□ 北京	0.34	0.94	1.54	1.50	1.24
▥ 天津	0.99	1.01	1.96	2.03	1.46
▦ 济南	0.49	1.32	1.92	1.96	1.26
■ 兰州	0.51	0.56	2.14	2.01	1.30
■ 郑州	0.11	0.83	1.44	2.02	0.97
■ 石家庄	0.26	1.10	1.27	1.30	0.50
⊠ 太原	0.77	1.19	1.73	1.75	1.39
▨ 西安	1.52	2.93	3.46	4.09	2.55
▨ 银川	3.07	4.08	4.62	4.75	4.37

图4.8 Ⅱ气候区平均热岛强度统计

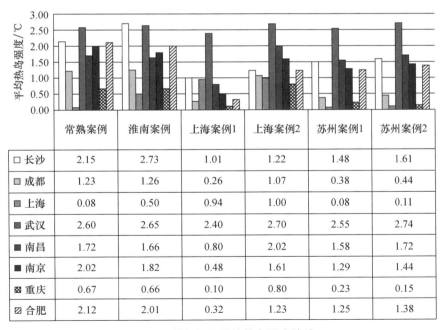

	常熟案例	淮南案例	上海案例1	上海案例2	苏州案例1	苏州案例2
□ 长沙	2.15	2.73	1.01	1.22	1.48	1.61
▥ 成都	1.23	1.26	0.26	1.07	0.38	0.44
▦ 上海	0.08	0.50	0.94	1.00	0.08	0.11
■ 武汉	2.60	2.65	2.40	2.70	2.55	2.74
■ 南昌	1.72	1.66	0.80	2.02	1.58	1.72
■ 南京	2.02	1.82	0.48	1.61	1.29	1.44
⊠ 重庆	0.67	0.66	0.10	0.80	0.23	0.15
▨ 合肥	2.12	2.01	0.32	1.23	1.25	1.38

图4.9 Ⅲ气候区平均热岛强度统计

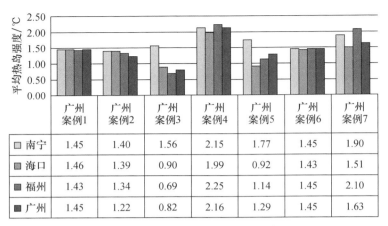

图4.10 Ⅳ气候区平均热岛强度统计

	广州案例1	广州案例2	广州案例3	广州案例4	广州案例5	广州案例6	广州案例7
□ 南宁	1.45	1.40	1.56	2.15	1.77	1.45	1.90
▦ 海口	1.46	1.39	0.90	1.99	0.92	1.43	1.51
▩ 福州	1.43	1.34	0.69	2.25	1.14	1.45	2.10
▪ 广州	1.45	1.22	0.82	2.16	1.29	1.45	1.63

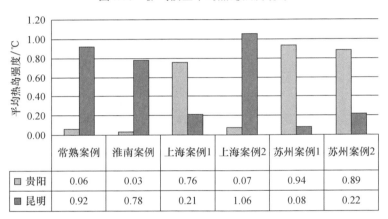

图4.11 Ⅴ气候区平均热岛强度统计

	常熟案例	淮南案例	上海案例1	上海案例2	苏州案例1	苏州案例2
□ 贵阳	0.06	0.03	0.76	0.07	0.94	0.89
▪ 昆明	0.92	0.78	0.21	1.06	0.08	0.22

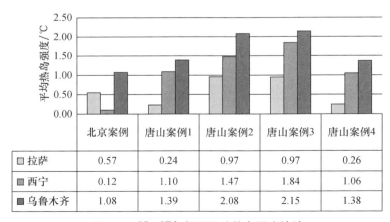

图4.12 Ⅵ、Ⅶ气候区平均热岛强度统计

	北京案例	唐山案例1	唐山案例2	唐山案例3	唐山案例4
□ 拉萨	0.57	0.24	0.97	0.97	0.26
▩ 西宁	0.12	1.10	1.47	1.84	1.06
▪ 乌鲁木齐	1.08	1.39	2.08	2.15	1.38

5 住区热环境分析软件

随着相关标准的发布，设计师已经意识到通过增加绿化、水体以及合理设计建筑布局等措施能大大改善室外微气候环境，但是，在设计阶段需要计算分析软件的辅助，设计师才能对室外热环境进行设计。目前，室外热环境设计软件主要有华南理工大学与合肥众智软件有限公司合作开发的DUTE、与北京构力科技有限公司合作的住区热环境设计评价软件PKPM-TED以及北京绿建斯维尔公司的住区热环境软件TERA。这几款软件的计算内核均是CTTC集总参数法，在输入及图形处理方面各有特色。软件主要被应用于城市规划设计、规划管理、建筑设计和房地产开发等领域，可用来对居住区热环境进行快速分析，辅助城市规划和建筑设计，可以优化居住区规划布局，改善居住区室外热环境，降低居住区室外热岛强度，起到保护城市居民身心健康、创造适宜人居环境的作用。

5.1 DUTE软件介绍

在编制《城市居住区热环境设计标准》（JGJ 286—2013）的同时，华南理工大学基于集总参数法的原有CTTC模型进行研究、改进，在大量深入调研的基础上，通过与多家规划管理与规划设计单位的密切合作，经过反复推敲与艰苦研发，与合肥众智软件有限公司合作开发出城市居住区热环境辅助设计工具DUTE1.0（Design Urban Thermal Environment，著作权登记号2008 SR12279）。

建筑热环境分析软件DUTE1.0全面解决了全国各地城市的居住区热环境设计问题，使用简单方便。DUTE是基于CAD平台开发的，直接从规划设计图纸识别与统计计算信息，最后编制代码运算获得集总参数法中的关键性计算参数，实现快速得到热环境评价结果的功能。该软件具有以下特点：①将二维模型扩展为三维模型，使空气温度的计算更为合理；②提出多种下垫面蒸发计算模型和乔木模型；③提出简便的风速计算模型；④基于CAD的阴影率、天空角系数计算及用地统计；⑤科学的评价指标与标准化气象参数；⑥方便快捷的计算与输出模式。[36]

5.1.1　软件主要功能

DUTE1.0提供全国主要城市计算参数，涵盖居住区热环境设计标准要求和各地实施管理规则。其主要具有以下功能。

1. 地块定义

（1）各类居住区地块定义、统计：通过快捷的 CAD 命令，将闭合区域定义为各类地块，并能自动处理小面积的自交区域边界；分析各类指定地块（含有建筑地块、水泥地块、沥青地块、透水砖、土壤地块、草灌地块、乔木地块、水体地块、地砖地块）在居住区范围内的面积，分析结果自动统计并生成统计报表。

（2）地块相减：将不同地块的重合区域自动进行扣除，自动计算地块边界并填充。

（3）地块边界审核：对居住区定义的地块边界进行重合检测，并将检测的地块边界错误定位显示。

2. 指标计算

（1）通风阻塞比：计算统计居住区的通风阻塞比指标。

（2）通风架空率：依据居住区模型自动计算居住区的平均通风架空率。

（3）建筑阴影率：分析居住区建筑群在指定计算日的逐时建筑阴影率，自动统计生成计算日24个时刻的建筑阴影率分析报表，以图表形式直观显示逐时阴影率。

（4）天空角系数：计算居住区布局的天空角系数。

（5）迎风面积比：计算居住区各建筑的迎风面积比及居住区平均迎风面积指标，并与规范标准进行比对，将比对结果以表格形式输出。

（6）遮阳覆盖率：对居住区内的遮阳覆盖率指标进行统计分析，将结果以表格样式输出。

（7）渗透面积比：分析硬化地面范围内渗透性地面面积占硬化地面总面积的比率，分析结果自动统计并生成统计报表。

（8）热岛强度：利用居住区设计规划图纸信息，以居住区设计的空气温度与当地典型气象日气温比较得出全天逐时温度差，得到热岛强度的计算结果并生成统计报表。

（9）湿球黑球温度（WBGT）：通过居住区设计的空气温度、风速等参数计算得出全天逐时温球湿球温度，绘制逐时 WBGT 曲线图，并生成统计报表。

3. 居住区热环境分析报告书

可自动生成居住区热环境分析报告书，为方案评审、汇报、研究等提供直观的依据。

5.1.2 计算模型建立

DUTE软件的输入主界面如图5.1所示，主菜单的命令包括地块定义、数据审核、模型分析、工具及参数设置。地块定义为建立计算模型的主要工作，地块定义命令及下拉菜单如图5.2所示。地块定义模块可以定义各类地块、活动场地、植物遮阳、构筑物遮阳等，可通过下拉菜单或者快速按钮进行地块定义。

图5.1　DUTE主界面

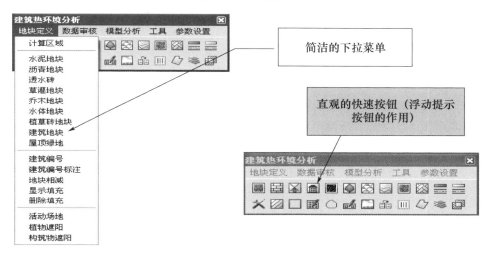

图5.2　地块定义及下拉菜单命令

地块定义下拉菜单命令分为四类，详见表5.1。

表5.1　地块定义命令类型

类型1	计算区域
类型2	水泥地块、沥青地块、透水砖、草灌地块、乔木地块、水体地块、植草砖地块、建筑地块、屋顶绿地
类型3	建筑编号、建筑编号标注、地块相减、显示填充、删除填充
类型4	活动场地、植物遮阳、构筑物遮阳

1. 计算区域

定义区域进行城市热环境分析时的计算参数。

选择"地块定义"/"计算区域"项，或单击工具栏上的⬡按钮，弹出如图5.3所示对话框。

图5.3　计算区域定义对话框

（1）城市：单击窗口中城市后面的⬚⬚⬚按钮，弹出主要城市对话框，如图5.4所示。

选择列表中列出的城市，单击"确定"按钮，其经纬度值自动加入"计算区域定义窗口"对应的经度和纬度小框中。经纬度单位为度、分、秒，显示时各单位之间用"："隔开。

如果城市列表中没有计算项目所在的城市，则可以在相应位置增加，选中城市所在的省份，使用右侧提示的"增加、编辑、删除"功能，单击"编辑"或"增加"按钮，会弹出如图5.5所示对话框，填写相关信息，确定即可保存，或者直接在"计算区域定义窗口"对应的经度和纬度小框中输入。

图5.4 主要城市对话框

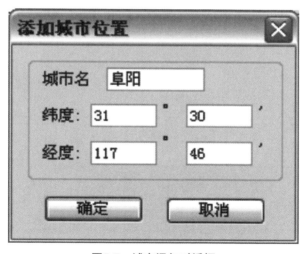

图5.5 城市添加对话框

（2）气象：如果在气象参数中具有居住区所在的城市气象参数，则直接提取城市的气象参数；如果不存在所在城市的气象参数，则按该城市所在的二级气候区的气象参数，可以在参数设置时在气象城市参数中进行添加维护。系统内置全国各主要城市的气象参数是计算的主要初始条件，计算所需要用到的气象参数有干球温度、相对湿度、水平总辐射照度、水平散射辐射照度、平均风速、主导风向。从全国51个代表城市来看，其数据较为庞大。因此软件在选定计算城市后再读取指定城市的气象参数，以减少程序对内存的占用，提高程序的计算性能，同时根据选定的城市地点获得该地点所处的经纬度和所在气候分区，进一步进行建筑阴影率等其他计算参数的分析。

（3）气候：选择项目所在地区的气候区，不同气候区对住区热环境的要求具有差异性，确定气候区以明确项目的热环境设计要求。

（4）日期：在日期后输入具体的时间作为计算标准日进行建筑热环境计算，年份的选择并没有实际的意义，在典型气象年的7月、1月中按温度、日较差、湿度、太阳辐射照度的日平均值最接近月平均值的日期中各选定一日，作为城市所在建筑气候区夏季最热月、冬季最冷月的典型日。7月21日、1月21日通常被选取作为夏季、冬季的典型日代表。

（5）风向：通风对建筑热特性的影响很大，这里设置的是计算标准日当天的主导风向，CAD图形中90°方向（正北方向）为风向0°，按顺时针旋转360°确定风向与输入角度的一一对应关系，如图5.6所示。如对话框中的济南的主导风向为西南偏南，其对应的角度为202.5°。

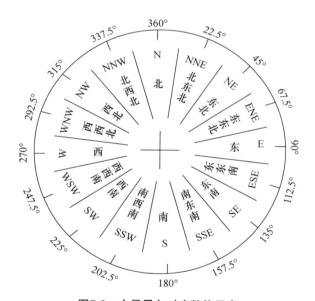

图5.6 主导风向对应数值示意

（6）粗糙系数：当风在到达构筑物以前吹越2 km范围内的地面时，描述该地面上不规则障碍物分布状况的等级，按表2.5中我国地表粗糙度类别和对应的地面粗糙系数 a 值取值。

（7）小区：输入小区的名称。

2. 地块类型定义

设置好小区计算参数后，单击"定义"按钮，对计算区域进行定义，命令行提示：

选择地块：选择计算区域的轮廓线后，右键确认即可。

通过地块类型定义各种地块，以水泥地块为例，选择"地块定义"/"水泥地块"项，或单击工具栏上的 ⊠ ，命令行提示：

选择地块：选择地块轮廓线。

定义后按照地块设置的水泥图层颜色设置实体颜色，并对定义的地块用地块设置中的水泥地块填充颜色进行填充。允许选中多个直接定义。当定义的区域内有其他地块时，直接进行扣除处理，挖空其他地块的区域。

用水泥地块定义的方法可以定义沥青地面、透水砖、草灌地块、乔木地块、水体地块、植草砖地块、建筑地块、屋顶绿地、活动场地、植物遮阳、构筑物遮阳等地块类型。工具栏上的图标和地块类型的对应关系如表5.2所示。

表5.2　地块类型和工具栏上的图标

地块类型	图标	备注
水泥地块	⊠	
沥青地面	▣	透水沥青T/＜普通沥青＞：直接确定，定义为普通沥青，输入T确定，则为透水沥青。透水沥青具有渗透性，可在渗透蒸发审核中记入渗透面积
透水砖	▧	透水砖具有渗透性，可在渗透蒸发审核中记入渗透面积
草灌地块	▣	乔灌草地Q/＜草地地块＞：直接确定生成草地地块，输入Q确定生成乔灌地块
乔木地块	♠	需进一步定义
水体地块	▨	需进一步定义
植草砖地块	▦	植草砖具有渗透性，可在渗透蒸发审核中记入渗透面积
建筑地块	▥	需进一步定义
屋顶绿地	▣	屋顶绿地一般定义于建筑地块上，用于计算屋顶绿地率
活动场地	▨	定义活动场地只对遮阳覆盖率、渗透蒸发审核有影响

地块类型	图标	备注
植物遮阳	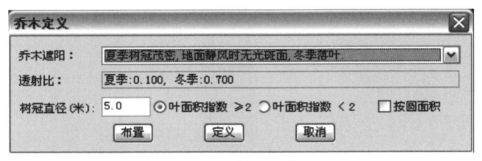	植物遮阳地块一般定义在活动场地上，对活动场地进行遮阳
构筑物遮阳		需进一步定义

计算区域内没有进行地块定义的区域都认为是水泥地块。

对于乔木地块、建筑地块、活动场地地块，需要进一步定义。

（1）乔木地块。选择"地块定义"/"乔木地块"项，或单击工具栏上的，乔木定义对话框如图5.7所示。

图5.7　乔木定义对话框

在对话框中选择"乔木遮阳"的类型。"透射比"根据所选的乔木遮阳类型确定。选择叶面积指数。

1）设置完成后单击"布置"按钮，命令行提示：

选线布置L/单点布置D/输入布置起点：

可以按三种方式布置乔木，分别为成排布置（直接回车）、在选择线上成排布置乔木（命令L）、在点选的插入点单个布置乔木（命令D）。

当成排布置时，需要依次输入成排布置的两个端点坐标以及布置间距。

2）布置完成后单击"定义"按钮，命令行提示：

选择地块：选择要定义为乔木的地块实体。

定义时得到选中实体的外包矩形，以外包矩形的中心点为插入乔木的圆心点。

其中，"按圆面积"在定义时起作用，若勾选，插入的乔木直径为选中实体外包矩形的长边的长度；若不勾选时，按树冠直径填写的长度插入。

（2）建筑地块。选择"地块定义"/"建筑定义"项，或单击工具栏上的 按钮，建筑定义对话框如图5.8所示。

在对话框中输入建筑的各项信息，单击"定义"按钮，命令行提示：

选择地块：选择建筑轮廓线。

定义后按照地块设置的建筑图层颜色设置实体颜色，定义允许选中多个直接定义。其中建筑计算高度＝建筑高度＋架空高度；建成的建筑模型如图5.9所示。

图5.8　建筑定义对话框

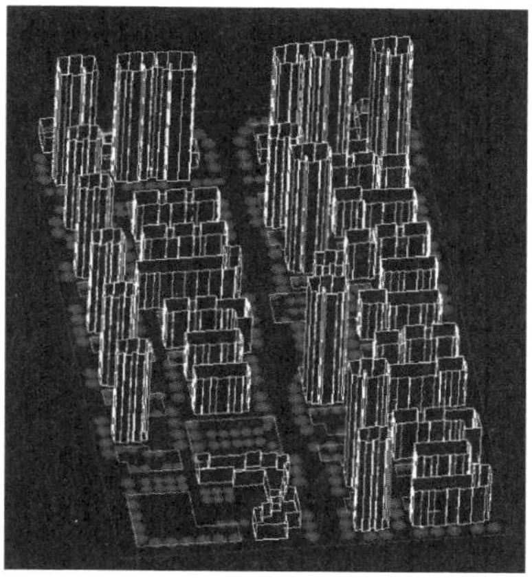

图5.9　建筑模型

（3）活动场地。选择"地块定义"/"活动场地"项，或单击工具栏上的 按钮，活动场地对话框如图5.10所示。

图5.10　活动场地对话框

选择场所类型后，单击"定义"按钮，命令行提示：

选择地块：选择地块轮廓。

（4）植物遮阳。选择"地块定义"/"植物遮阳"项，或单击工具栏上的 ▤ 按钮，植物遮阳对话框如图5.11所示。

图5.11　植物遮阳对话框

在对话框中选择植物类型和透光性。根据所选的植物类型和透光性得到透光率。设置完成后单击"定义"按钮，命令行提示：

选择地块：选择地块轮廓线。

3. 地块操作

（1）建筑编号。选择"地块定义/建筑编号"项对建筑进行编号，命令行提示：

选取建筑轮廓线：选择已定义的建筑。

回车退出/选取建筑轮廓线：

输入建筑物名称（字母或数字）＜1#＞:a

尖括号中为所选建筑上一次的编号，默认为1#，2#，…，输入新值所选建筑将被定义为新的编号。

如果选择了多个建筑，命令行提示：

退出E/分别定义F/整体命名S/自动命名：输入建筑物编号（字母或数字）＜1#＞。

自动命名是以输入的编号为建筑物起始名称，按照从左到右、从上到下的顺序分别为各建筑物命名。若输入的编号为字母，则以此字母加递增数字的形式命名，若输入的编号为数字，直接以递增的数字形式命名。

（2）建筑编号标注。对已经编号的建筑进行标注。

选择"地块定义/建筑编号标注"项，命令行提示：

选取建筑轮廓线：选取已经编号的建筑。

（3）地块相减。用地块相减命令实现选定地块的差集。选择"地块定义"/"地块相减"项，命令行提示：

选择面域类地块：选择实体1。

只选择要删减的地块，软件会自动搜索与之相交的地块，并将相交部分从该地块中剪除，如图5.12所示。

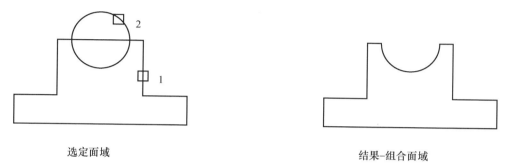

选定面域   结果–组合面域

图5.12　地块相减示意

（4）显示/删除填充。显示/删除填充功能可显示/删除地块的填充图案。选择"地块定义"/"显示填充"项，或单击工具栏上的 ▨ / ▢ 按钮，命令行提示：

选择需要填充的地块：选择地块。

选择要删除的填充：选择要删除填充的地块。

4. 数据审核

地块定义之后，可通过数据审核功能检测地块之间叠加现象，避免指标统计不准确。选择"数据审核"/"地块检测"项，或单击工具栏上的 ▨ 按钮，弹出如图5.13所示对话框。

双击列表中任意一行，会高亮并定位到图面上相关实体处。

数据审核规则如下：

（1）地块之间相互检测看是否重叠。

（2）乔木地块、屋顶绿地、植物遮阳、构筑物遮阳地块不参与检测，它们是立体的，可以重叠。

（3）活动场地不参与检测，它只是一个范围，不是实际地块。

（4）建筑与建筑地块不参与检测，有塔式建筑存在，允许重叠。

图5.13　地块检测对话框

5.1.3　住区热环境相关指标计算

计算模型建立之后，可通过软件实现以下计算功能：

（1）计算各类地表面积所占比例，辅助规划设计人员对规划指标（如建筑密度、绿地率等）进行计算。

（2）计算遮阳覆盖率和渗透面积比。

（3）计算迎风面积比和通风架空率，结合计算密度可以得到居住区的平均风速比，用来快速评价小区风环境。

DUTE的计算流程如图5.14所示。

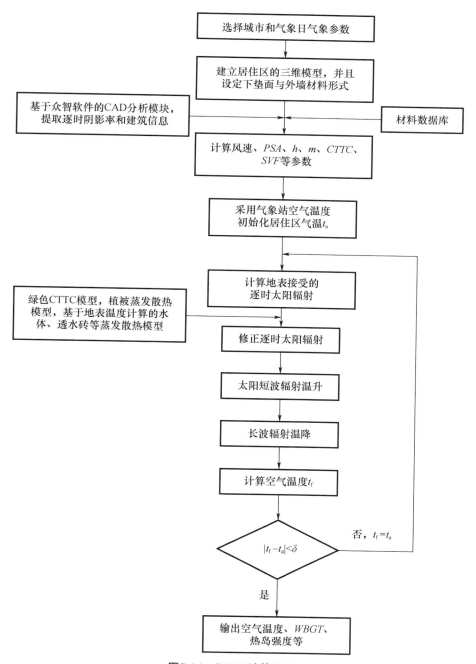

图5.14 DUTE计算流程

计算过程中关键性参数的计算顺序如图5.15所示。

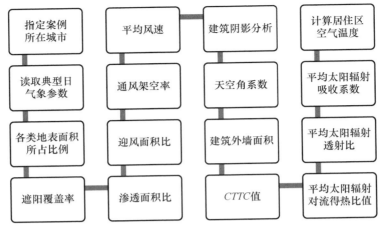

图5.15 关键性参数计算顺序

（1）各类地表下垫面面积比计算。通过对已经定义好的分析图纸，提取建筑图纸中的规划信息，将其输出到计算指标统计界面，如图5.16所示，以便规划管理和设计人员进行检查和相应的后期计算。分析各类指定地块（含有建筑地块、水泥地块、沥青地块、透水砖、土壤地块、草灌地块、乔木地块、水体地块、地砖地块）在建筑规划红线内的面积，计算其与规划设计地块面积的比值，分析结果自动统计并生成统计报表。

实现图纸中地表信息的一次性提取，并将所有信息存储在内存中，方便程序中其他计算模块的调用，避免重复读取图纸信息，造成资源浪费。

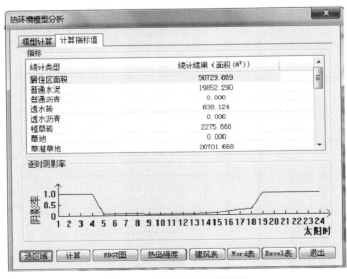

图5.16 计算指标统计界面

（2）迎风面积比计算。迎风面积比按本书2.1.2介绍的方法计算。

图形学对迎风面积比的计算过程为：先分析单栋建筑迎风面积比，它是单栋建筑的最大投影面积在图形学中可理解为建筑轮廓线中距离最远的两个点之间的长度与建筑高度的乘积，建筑在主导风向的迎风面积可以理解为建筑在主导风向法线上的投影长度与建筑高度的乘积。

（3）平均风速比计算。平均风速比按本书2.4.1介绍的方法计算。

（4）建筑阴影率计算。CAD软件拥有强大的图形处理能力，可以快速实现建筑阴影的绘制，并取得建筑阴影的面积，从而得到建筑阴影率。通过计算典型气象日从日出到日落时段的逐时建筑阴影率，将计算结果显示为图表格式，提供给设计者作为参考依据，如图5.17所示。

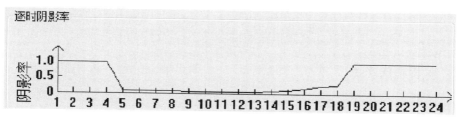

图5.17　阴影率分析结果

对于日出前和日落后时段，可以认为整个居住区处于阴影范围内，从而该时段的阴影率为1.0。阴影率有利于减少居住区地表面对太阳辐射的吸收，减少太阳辐射温升，从而使得居住区有较低的空气温度。在实际设计中，应尽可能增大建筑阴影率，充分利用建筑的遮挡作用，实现居住区的舒适热环境。为了提供详细的阴影率分析结果，程序可以输出指定日期的全天24小时建筑阴影率，如表5.3所示，表中的PSA即为阴影率，时间为北京时间。

表5.3　阴影率分析结果统计

时间	PSA	时间	PSA
1:00	1	7:00	0.342
2:00	1	8:00	0.293
3:00	1	9:00	0.237
4:00	1	10:00	0.152
5:00	0.527	11:00	0.073
6:00	0.418	12:00	0.072

续表

时间	PSA	时间	PSA
13:00	0.139	19:00	1
14:00	0.217	20:00	1
15:00	0.312	21:00	1
16:00	0.459	22:00	1
17:00	0.613	23:00	1
18:00	0.66	24:00	1

（5）天空角系数计算。天空角系数按本书2.1.1介绍的方法计算。

（6）遮阳覆盖率计算。遮阳覆盖率按本书2.1.5介绍的方法计算。

5.1.4 结果表达形式

DUTE可以简便快速得到居住区的评价指标——热岛强度和 WBGT，可以将计算结果直接绘制在规划设计案例图纸上，也可以以电子表格的形式保存计算结果，如图5.18～图5.22所示。

	A	B	C	D	E	F
1				计算参数		
2	工　程　名　称					
3	工　程　地　点	广州		主　导　风　向	135	
4	经　　　　　度	113:13:0.000		纬　　　　　度	23:0:0.000	
5	典 型 计 算 日	7月21日		粗　糙　系　数	0.23	
6	气　候　区　域	IV		天　空　角　系　数	0.432	
7	建　筑　密　度	0.292		平　均　高　度(m)	38.723	
8	架　　空　　率	0.127		平均迎风面积比	0.794	
9	CTTC	12.535		平　均　风　速　比	0.611	
10	居住区面积(m²)	38661.509		建筑基地面积(m²)	11289.964	
11	绿化遮阳覆盖率	0.118		建筑立面积(m²)	42121.208	
12	构筑物遮阳覆盖率	0		水　面　面　积(m²)	0	
13	平均太阳辐射系数	0.754		绿　地　面　积(m²)	6446.163	
14	植物遮阳透射比	0.104		渗透硬地面积(m²)	0	
15	构筑物遮阳透射比	0		屋顶绿地面积(m²)	0	
16	水泥地块面积(m²)	20925.382		乔木面积(m²)	3228.412	
17	普通沥青面积(m²)	0		透水沥青面积(m²)	0	
18	透水砖面积(m²)	0		植草砖面积(m²)	0	
19	草　地　面　积(m²)	6446.163		草灌面积(m²)	0	
20	绿地总面积(m²)	6446.163		硬地总面积(m²)	20925.382	
21	植物遮阳地块总面积(m²)	0		构筑物遮阳地块总面积(m²)	0	

图5.18　计算结果

时间*	PSA	△Tsol(℃)	t_a(℃)	WBGT(℃)	△t_a(℃)
1:00	1	4.249	29.93	26.488	3.83
2:00	1	3.756	29.547	26.178	3.447
3:00	1	3.281	29.181	25.876	3.081
4:00	1	2.912	28.877	25.602	2.577
5:00	0.86	2.589	28.564	25.238	1.964
6:00	0.821	2.34	28.351	25.171	1.351
7:00	0.725	2.273	28.231	25.081	0.731
8:00	0.547	2.476	28.332	25.248	0.132
9:00	0.436	2.885	28.643	25.572	-0.357
10:00	0.351	3.489	29.206	25.918	-0.494
11:00	0.229	4.277	30.002	26.549	-0.398
12:00	0.089	5.191	30.962	27.29	0.062
13:00	0.157	5.924	31.742	27.594	0.642
14:00	0.282	6.364	32.28	27.858	1.28
15:00	0.403	6.517	32.48	27.804	1.78
16:00	0.54	6.412	32.443	27.591	2.343
17:00	0.683	6.122	32.229	27.387	2.829
18:00	0.696	5.727	31.921	27.358	3.121
19:00	0.616	5.288	31.514	27.083	3.414
20:00	1	5.056	31.269	27.054	3.669
21:00	1	4.9	31.069	27.174	3.969
22:00	1	4.7	30.802	27.043	4.102
23:00	1	4.515	30.595	27.143	4.195
24:00	1	4.406	30.155	26.661	3.955

评价设计分析结果

图5.19　评价设计分析结果

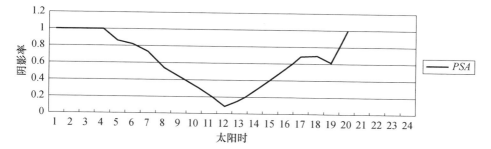

图5.20　阴影率分析结果

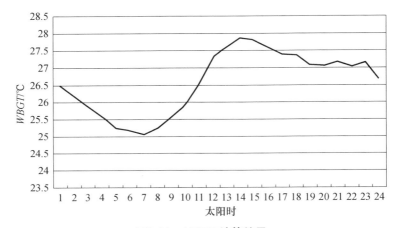

图5.21　WBGT计算结果

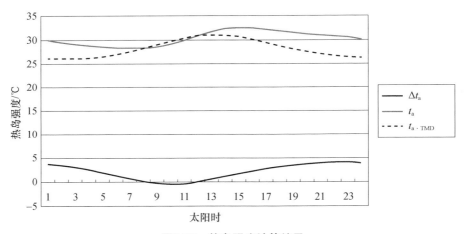

图5.22　热岛强度计算结果

5.2　TERA软件介绍

绿建斯维尔住区热环境软件TERA2022（以下简称TERA）是北京绿建软件股份有限公司开发的以《城市居住区热环境设计标准》（JGJ 286—2013）提出的CTTC集总参数法体系为支撑，无须CFD复杂的参数设计和漫长的计算过程，具有简明实用、快速精准的优势，尤其适用于工程应用。TERA综合了《城市居住区热环境设计标准》（JGJ 286—2013）和《绿色建筑评价标准》（GB/T 50378—2019）对住区热环境的规定，快速生成建筑、活动场地、各类景观区域等模型，按照标准提供平均热岛强度、湿球黑球温度、平均迎风面积比以及活动场地遮阳覆盖率计算，支持绿容率的计算，快速计算住区热岛强度、迎风面积比、遮阳覆盖率、渗透面积比率等核心指标，并提供调整试算等分析功能，让用户很快找到最佳方案。支持活动场地遮阴计算；支持道路、屋顶的太阳辐射反射和遮阴计算；具备即刻模拟典型日室外地面1.5 m高处气温分布逐时云图，以及建筑外表面气温分布逐时云图的增强功能；提供《规定性设计报告书》和《评价性设计报告书》，满足不同的需求。

　　TERA计算流程包括总图建模、体量建模和计算分析三个主要步骤。总图建模包括红线范围、建筑的分布、广场、游憩场、人行道、停车场、车道等各类活动场地、水面、绿地、乔木、亭廊、爬藤、屋顶绿化等区域的设置，检查各个区域是否出现重叠并修改。体量建模使用参数化的基本形体和特征放样模型，通过布尔运算和三维切割生成复杂的三维物体，无论基本形体还是复合形体，都支持反复编辑，编辑方式和创建方式完全一致。有助于构建建筑场景。

5.2.1　总图建模

1. 建总图框

屏幕菜单命令：

【建模】→【建总图框】（JZTK）

　　该命令用于创建总图框对象，如图5.23所示，确定总图的范围以及对齐点。运行命令后，手动选取两个对角点及对齐点，设置内外高差后，总图框就生成了。

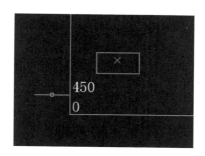

图5.23　建总图框对话框

　　图5.23中，"×"号的交点即对齐点，450为内外高差（该值为系统默认，在进行热环境设计时，该值的设定应当参照住区地面标高），单位mm，0为楼层号或图号。

2. 创建建筑

（1）建筑高度。

屏幕菜单命令：

【建模】→【建筑高度】（JZGD）

本命令有两个功能，一是对代表建筑物轮廓的闭合PLINE赋予一个给定高度和底标高，生成三维的建筑轮廓模型，二是对已有模型重新编辑高度和标高。

本命令根据命令行提示操作。

命令行提示：

选择现有的建筑轮廓或闭合多段线或圆：选取图中的建筑物轮廓线。

命令行提示：

建筑高度＜24000＞：键入该建筑轮廓模型的高度。

命令行提示：

建筑底标高＜0＞：键入该建筑轮廓模型的底部标高，右击默认底标高为0。

建筑物的外轮廓线必须用封闭的PLINE来绘制。建筑高度表示的是竖向恒定的拉伸值，如果一个建筑物的高度分成几部分参差不齐，需分别赋予高度。圆柱状甚至是悬空的遮挡物，都可以用本命令建立。生成的三维建筑轮廓模型属于平板对象，用户也可以用"平板"建模，放在相应的图层即可。用户还可以调用OPM特性表设置PLINE的标高（ELEVAION）和高度（THICKNESS），并放置到相应的图层上作为建筑轮廓。

（2）建筑模型。

屏幕菜单命令：

【建模】→【创建模型】（CJMX）

本命令比建筑高度命令增加了可以进行编组和命名的功能，对话框如图5.24所示。

图5.24　创建模型对话框

在设置好对话框里的参数后，选择现有的建筑轮廓或闭合多段线后右击，建筑就生成了。

3. 单体加载

屏幕菜单命令：

【建模】→【单体链接】（DTLJ）

在规划设计中经常会出现单体建筑设计与总图规划同时进行的情况，已经在其他DWG文件上设计好的单体建筑若要在热环境总图DWG中建模，运行本命令即可。

本命令可以将某一张含有各个楼层平面图及高度信息的单体建筑DWG文件以链接的方式插入热环境总图中，该命令对话框如图5.25所示。

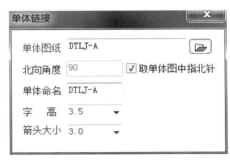

图5.25 单体链接对话框

对话框选项和操作解释如下：

（1）"单体图纸"：单击右上部的文件夹按钮，寻找并选定需要显示在总图中的单体图纸DWG文件。

（2）"北向角度"：可手动输入，也可以勾选"取单体图中指北针"，这样系统则读取单体图纸上的指北针，自动确定单体建筑的朝向。

（3）"单体命名"：为链入的单体建筑命名。

（4）"字高"/"箭头大小"：链入单体后的标注字体高度及箭头大小。

设置好上述参数后，根据命令行提示，在总图中选择"起点"，该点即是单体图中各个楼层的对齐点，选定起点后可以直接右击退出生成单体，如图5.26所示，也可以按命令行提示进行直线或弧段标注。

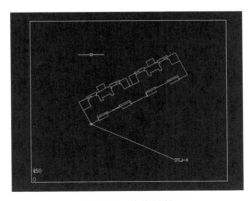

图5.26 单体链接

当外部单体文件修改保存过之后，再打开总图文件，会出现如图5.27所示的提示。

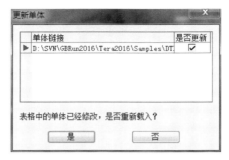

图5.27　更新单体的提示

选择"是"，则总图内相应的单体会更新成外部文件最后一次修改保存过的样子，选择"否"，则总图内的单体不发生变化。

屏幕菜单命令：

【建模】→【载入单体】（ZRDT）

该命令用于外部单体文件没有变化，当总图里的相应单体发生改动时，运行此命令即可将总图里的单体恢复成外部单体文件保存的模型。

4. **设定红线**

屏幕菜单命令：

【建模】→【建筑红线】（JZHX）

当进行热环境计算时，只有红线范围内的住区才会参与计算。本命令的功能是把代表红线轮廓的闭合PLINE赋予红线属性。根据命令行提示，单击画好的闭合多段线，右击或者回车进行确认，红线就生成了。红线必须用封闭的PLINE来绘制。

5. **活动场地**

屏幕菜单命令：

【建模】→【活动场地】（HDCD）

本命令用于在红线里布置活动场地并设定场地材料（见图5.28）。

对话框选项和操作解释如下：

（1）"活动场地"：下拉选择场地类型，包括广场、游憩场、停车场、人行道、车道。

（2）"地面特征"：下拉选择地面材料，包括普通水泥、普通沥青、透水砖、透水沥青、植草砖五类地面做法，其中透水砖、透水沥青、植草砖为渗透型材料，当地面特征选择渗透型材料时，可根据设计情况填入透水系数值。

（3）"透水系数"：衡量渗透地面透水能力的指标，单位mm/s。

图5.28　活动场地对话框

对话框的参数设定完毕后，根据命令行提示操作。

命令行提示：

选择一组闭合曲线或点击闭合曲线内任一点或自绘：

在此提供了三种方法，前两种单击后右击进行设置，自绘则可以重新绘制闭合曲线，右击或者回车确认。

其中车道不支持对任意闭合曲线的赋予，只能选择自绘，通过设定基线、路宽后拉取生成。而通过在对话框（见图5.29）中勾选，可以设定是否有较密行道树，从而影响对车道遮阴的计算结果。

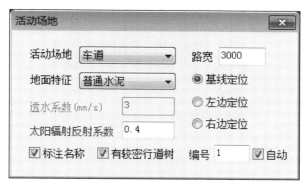

图5.29　车道自绘对话框

6. 区域设置

屏幕菜单命令：

【建模】→【区域设置】（QYSZ）

操作与活动场地一致，可以通过该命令在住区红线范围内设置亭廊、乔木、爬藤、草地、水面、屋顶绿化。命令对话框如图5.30所示。

各种区域的具体设置因需要参数不同而需一一说明。

（1）亭廊。亭廊设置对话框如图5.31所示。

图5.30　区域设置

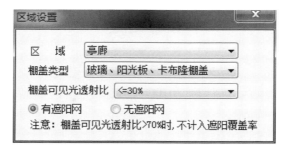

图5.31　亭廊设置对话框

对话框选项和操作解释如下：

1）"棚盖类型"：不同材料或形式的棚盖效果不同（见图5.32）。

图5.32　棚盖类型设置对话框

2）"棚盖可见光透射比"：可见光透射比越低，亭廊的遮阳效果越好（见图5.33）。

图5.33　棚盖可见光透射比设置对话框

3）"有遮阳网"／"无遮阳网"：有遮阳网可以进一步加强遮阳效果。

选择好以上选项以后，点击要赋予的闭合PLINE线后，右击或者回车确认。

（2）乔木。乔木设置对话框如图5.34所示。

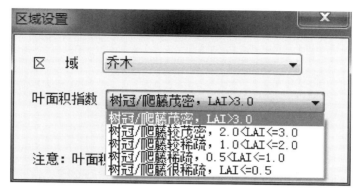

图5.34 乔木设置对话框

对话框选项和操作解释如下。

"叶面积指数"：表征树冠/爬藤茂密程度，LAI指数越高，树冠/爬藤越茂密，遮阳效果越好。

选择好叶面积指数以后，单击要赋予的闭合PLINE线后，右击或者回车确认。

（3）爬藤。爬藤设置对话框如图5.35所示。

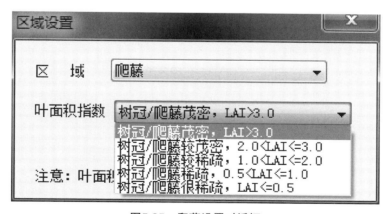

图5.35 爬藤设置对话框

爬藤的设置方式与乔木一致。

（4）绿地。绿地设置对话框如图5.36所示。

绿地主要分草地和乔灌草绿地，符合日照软件中公共绿地要求的可勾选，点击要赋予的闭合PLINE线后，右击或者回车确认。

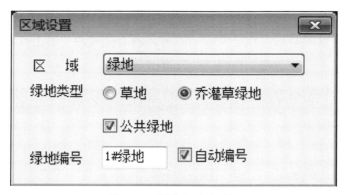

图5.36　绿地设置对话框

（5）水面。水面设置对话框如图5.37所示。

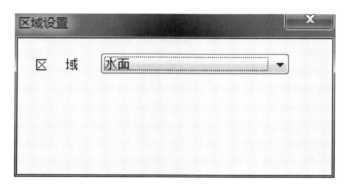

图5.37　水面设置对话框

水面的设置与草地一致。

（6）屋顶绿化。屋顶绿化设置对话框如图5.38所示。

图5.38　屋顶绿化设置对话框

标高应与所在楼顶标高相同。屋顶绿化的PLINE闭合线只能在建筑轮廓内。布置好红线、场地、区域之后，居住区总图就初步形成了，如图5.39所示。

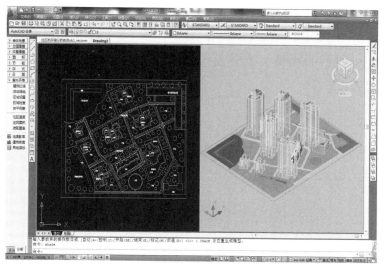

图5.39 布置好的总图

7. 区域挖洞

屏幕菜单命令：

【建模】→【区域挖洞】（QYWD）

本命令用来在已有的区域模型上挖洞，例如设计好了一块场地，需要在中间设计一块水池或草坪，使用此命令可以快捷地将场地变成环形或回形等形状，从而方便下一步设计。

8. 属性查询

屏幕菜单命令：

【建模】→【属性查询】（SXCX）

运行命令后将鼠标移动到任意场地或区域上，就会显示该平板的类别，其中活动场地和遮阳体还会显示一些属性，如表5.4所示。

表5.4 场地命令显示内容及属性

类型	显示内容
活动场地	场地类型：广场、游憩场、停车场、人行道、车道。 地面特征：普通水泥、普通沥青、透水砖、透水沥青、植草砖。 透水系数
亭廊	太阳辐射透射比、对流得热比例、棚盖类型、可见光透射比、遮阳网
爬藤	太阳辐射透射比、对流得热比例、叶面积指数
乔木	太阳辐射透射比、对流得热比例、叶面积指数

9. 辐射反射系数

《绿色建筑评价标准》有关降低热岛强度计算，需要评价车道和屋顶的表面辐射反射系数，该参数通过OPM功能逐条设置。

10. 建光伏板

屏幕菜单命令：

【建模】→【建光伏板】（JGFB）

这个命令用于建立屋顶的光伏板模型，如图5.40所示，该模型会参与《绿色建筑评价标准》对有关的屋顶遮阴计算。

图5.40　布置光伏组件对话框

11. 建筑命名

屏幕菜单命令：

【建模】→【建筑命名】（JZMM）

这个命令用于对建筑进行命名。

命令交互和回应：

建筑名称＜取消命名＞：输入名称后按回车，选定要命名的建筑后右击，即可实现建筑命名。

12. 总图标注

屏幕菜单命令：

【建模】→【总图标注】（ZTBZ）

如果在设置活动场地和区域的过程中没有做名称标注，那么这个命令可以专门对已经画好的场地和区域进行名称标注。

命令交互和回应：

点击总图内任意一点：单击位置属于哪片场地或区域，程序就会自动标注类型及面积。

13. 关键显示

屏幕菜单命令：

【检查】→【关键显示】（GJXS）

本命令用于隐藏与热环境分析无关的图形对象，只显示有关的图形。目的是简化图形的复杂程度，便于处理模型。

14. **模型检查**

屏幕菜单命令：

【检查】→【模型检查】（MXJC）

在正式计算以前，必须对总图进行模型检查。检查的目的主要有以下两个方面。

（1）自交检查。如果模型轮廓出现了自交，在计算中可能因面积读取问题导致错误，因此该类现象必须在进行计算以前检查出来并修改。

（2）重叠检查。检查红线范围里各类活动场地、区域及建筑物是否发生重叠。重叠面积的保留与扣减，对于计算结果有着重要影响。另外，还能列出图中所有区域的面积。

检查结果有无提示和提示重叠两类。

1）无提示。

a.合并：若用途属性完全相同的活动场地之间或者属性完全相同的区域之间发生重叠，程序默认扣减重叠部分的面积。

例如 A、B 两块广场地面材料均为透水砖，面积均为 $100 \ m^2$，两块广场存在重叠，重叠部分为 $50 \ m^2$，那么程序不会做出提示，在计算住区温度时，$A+B$ 的面积为 $100+100-50=150$（m^2）。

b.正确：当一些场地或区域发生重叠时，不提示重叠。如果是场地与遮阳体或与标高不同屋顶绿化发生重叠，则根据原理不予扣减面积；如果是活动场地与水面或草地发生重叠，活动场地则会扣减水面、草地的面积。

2）提示重叠。

a.当设置的两块活动场地重叠部分用途不同或者相同用途活动场地或区域仅仅因为属性不同时，会提示重叠。

当单击某一行时，程序会指向该处重叠区域，并且用黄色加粗线显示，如图5.41所示。

这类情况应当手动处理模型，因为很显然一块场地不能有两种棚盖不同的亭廊或两种材料不同的场地同时存在。树冠茂密程度不同的乔木等发生重叠也是同理。

b.当另外一些场地、区域之间发生重叠时，程序会予以提示并指出。这需要根据设计意图来决定是否需要修改模型。

如果没有全部消除提示到的重叠面积，在运行"住区温度"时，会提示总图里有重叠，在不修改重叠的情况下依然可以选择进行计算。这时重叠部分的各个图层面积都将保留，不会发生扣减。

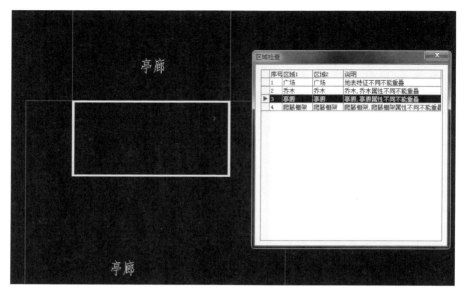

图5.41　重叠区域定位

表5.5为当图中活动场地、区域、建筑物之间发生重叠时的判断结果。

表5.5　各类区域场地面积重叠判定规则

类别	活动场地	乔木	亭廊	爬藤	草地	水	屋顶绿化	建筑物
活动场地	提示/合并	正确	正确	正确	正确（扣）	正确（扣）	正确	提示
乔木		提示/合并	提示	提示	提示	提示	提示	提示
亭廊			提示/合并	提示	提示	提示	提示	提示
爬藤				提示/合并	提示	提示	提示	提示
草地					合并	提示	提示	提示
水						合并	提示	提示
屋顶绿化							合并	正确

图5.42为该命令的另一功能，即显示红线区域内的所有区域场地及其面积。

图5.42　区域列表

15. 总图观察

总图观察的屏幕菜单命令：

【检查】→【总图观察】（ZTGC）

"总图观察"命令用渲染技术实现住区总图模型的真实模拟，用于观察住区模型的效果，是否符合设计意图。总图观察效果如图5.43所示。总图观察页面有选择："显示阴影"/"地点"/"日期"对话框，建筑阴影随着时间和地点不同而不同，勾选此项后，地点和日期均可改动，还可以根据右上角的拉杆或者手动修改时间查看每个时刻住区的阴影情况。由于软件分析的热环境是根据典型气象日计算，因此日期可以选择1987年以来每年的7月21日。"开始时刻"/"结束时刻"对话框，自动对应每个地点的热环境计算起止时刻。"漫游"/"鸟瞰"/"平面图"对话框对应不同的观察效果，如果勾选"平面图"，则不会显示阴影。

图5.43　总图观察效果

5.2.2　体量建模

5.2.2.1　创建体量模型

在建立建筑模型时，有四种创建实体的方法：①根据基本实体形（长方体、圆锥体、圆柱体、球体、圆环体和楔体）创建实体；②通过对截面拉伸的方式创建实体；③截面沿路径放样形成实体；④通过使截面绕固定轴旋转形成实体。

1. **基本形体**

屏幕菜单命令：

【体量建模】→【基本形体】（JBXT）

通过屏幕选定和手工输入等方式给出形体参数，建立基本的实体模型。形体参数由对话框统一定义。

命令交互和回应：执行命令后出现如图5.44所示对话框。

（1）形体选择部分，在这里可以选择需要创建的基本形体，包括长方体、圆柱体、圆台体、球体、楔体、球缺体、四棱锥体、桥拱体、圆拱体、山墙体、圆环体。创建形体的对话框及选项和操作解释如表5.6所示。

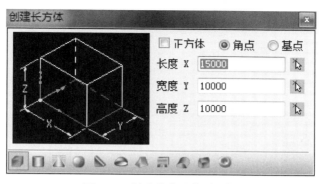

图5.44　创建基本形体对话框

（2）实体参数部分，针对不同的基本形体给出了不同的形体参数、定位及选项信息。例如，在绘制长方体时给出的参数有定位信息（角点、基点）、形体参数（长度X、宽度Y、高度Z）、选项信息（是否为正方体，如果是，相应的参数信息就会发生变化）。

（3）实体图示部分，给出了实体参数、定位信息与实际形成的实体的对应关系。

表5.6　创建形体的对话框及选项和操作解释

对话框		对话框选项和操作解释	
		选项信息及定位信息	形体参数
圆柱体	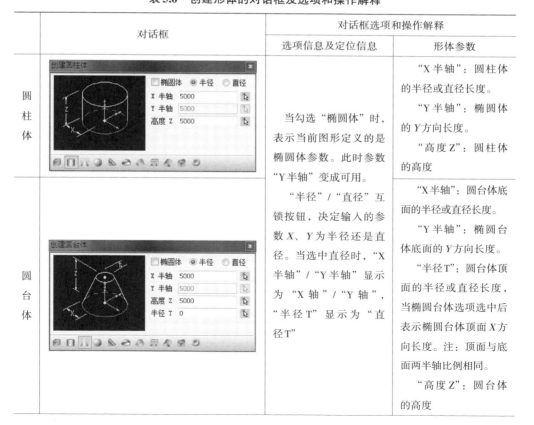	当勾选"椭圆体"时，表示当前图形定义的是椭圆体参数。此时参数"Y半轴"变成可用。 "半径"/"直径"互锁按钮，决定输入的参数X、Y为半径还是直径。当选中直径时，"X半轴"/"Y半轴"显示为"X轴"/"Y轴"，"半径T"显示为"直径T"	"X半轴"：圆柱体的半径或直径长度。 "Y半轴"：椭圆体的Y方向长度。 "高度Z"：圆柱体的高度
圆台体			"X半轴"：圆台体底面的半径或直径长度。 "Y半轴"：椭圆台体底面的Y方向长度。 "半径T"：圆台体顶面的半径或直径长度，当椭圆台体选项选中后表示椭圆台体顶面X方向长度。注：顶面与底面两半轴比例相同。 "高度Z"：圆台体的高度

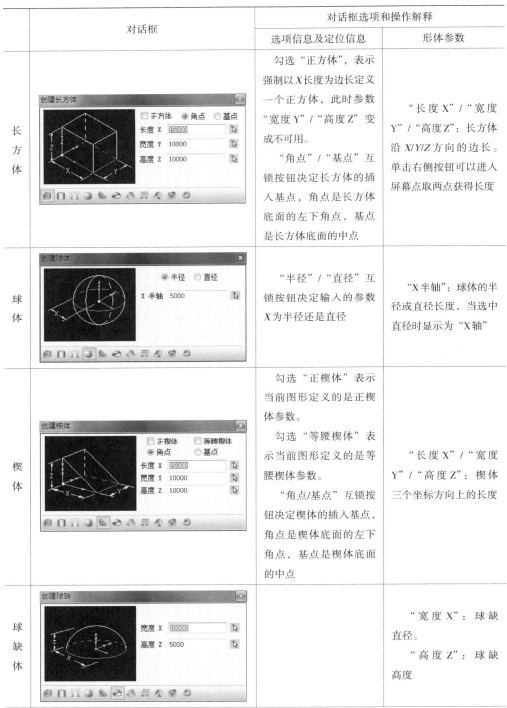

对话框	对话框选项和操作解释	
	选项信息及定位信息	形体参数
长方体	勾选"正方体",表示强制以 X 长度为边长定义一个正方体,此时参数"宽度 Y"/"高度 Z"变成不可用。 "角点"/"基点"互锁按钮决定长方体的插入基点,角点是长方体底面的左下角点,基点是长方体底面的中点	"长度 X"/"宽度 Y"/"高度 Z":长方体沿 X/Y/Z 方向的边长。单击右侧按钮可以进入屏幕点取两点获得长度
球体	"半径"/"直径"互锁按钮决定输入的参数 X 为半径还是直径	"X 半轴":球体的半径或直径长度,当选中直径时显示为"X轴"
楔体	勾选"正楔体"表示当前图形定义的是正楔体参数。 勾选"等腰楔体"表示当前图形定义的是等腰楔体参数。 "角点/基点"互锁按钮决定楔体的插入基点,角点是楔体底面的左下角点,基点是楔体底面的中点	"长度 X"/"宽度 Y"/"高度 Z":楔体三个坐标方向上的长度
球缺体		"宽度 X":球缺直径。 "高度 Z":球缺高度

续表

对话框	对话框选项和操作解释	
	选项信息及定位信息	形体参数
四棱锥体	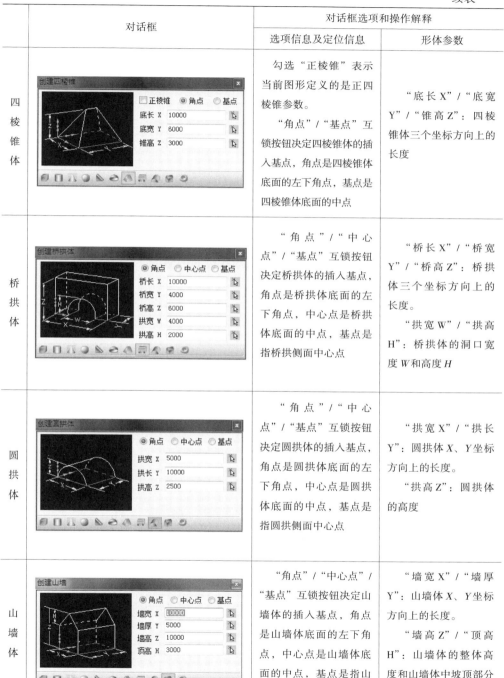勾选"正棱锥"表示当前图形定义的是正四棱锥参数。 "角点"/"基点"互锁按钮决定四棱锥体的插入基点,角点是四棱锥体底面的左下角点,基点是四棱锥体底面的中点	"底长 X"/"底宽 Y"/"锥高 Z":四棱锥体三个坐标方向上的长度
桥拱体	"角点"/"中心点"/"基点"互锁按钮决定桥拱体的插入基点,角点是桥拱体底面的左下角点,中心点是桥拱体底面的中点,基点是指桥拱侧面中心点	"桥长 X"/"桥宽 Y"/"桥高 Z":桥拱体三个坐标方向上的长度。 "拱宽 W"/"拱高 H":桥拱体的洞口宽度 W 和高度 H
圆拱体	"角点"/"中心点"/"基点"互锁按钮决定圆拱体的插入基点,角点是圆拱体底面的左下角点,中心点是圆拱体底面的中点,基点是指圆拱侧面中心点	"拱宽 X"/"拱长 Y":圆拱体 X、Y 坐标方向上的长度。 "拱高 Z":圆拱体的高度
山墙体	"角点"/"中心点"/"基点"互锁按钮决定山墙体的插入基点,角点是山墙体底面的左下角点,中心点是山墙体底面的中点,基点是指山墙侧面中心点	"墙宽 X"/"墙厚 Y":山墙体 X、Y 坐标方向上的长度。 "墙高 Z"/"顶高 H":山墙体的整体高度和山墙体中坡顶部分的高度

对话框	对话框选项和操作解释	
	选项信息及定位信息	形体参数
圆环体	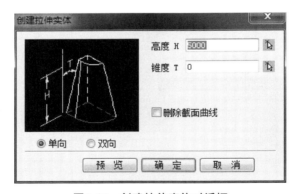"半径"/"直径"互锁按钮决定输入的参数 X、Y为半径还是直径	"X半轴"：圆环体半径，当选中直径时显示为"X轴"。 "Y半轴"：圆环体截面半径，当选中直径时显示为"Y轴"

注：当椭圆体选项选中后，表示椭圆体X方向长度或椭圆台体底面X方向长度。

2. 截面拉伸

屏幕菜单命令：

【体量建模】→【截面拉伸】（JMLS）

本命令通过截面拉伸的方式创建实体。

执行命令，依命令行提示选取闭合的拉伸截面曲线，出现如图5.45所示对话框。

图5.45　创建拉伸实体对话框

对话框选项和操作解释如下：

（1）"高度H"：拉伸形成实体的高度。

（2）"锥度T"：拉伸方向与Z轴正向的角度，起点到终点的延伸方向角度就是所获得的角度。

（3）"删除截面曲线"：决定是否在完成拉伸生成实体后把定义实体形状的闭合截面曲线删除。

（4）"单向"/"双向"：互锁按钮，分别表示沿Z轴单向生成实体和沿Z轴正负双向生成实体。

在对话框中输入参数后，可以单击预览按钮观察实体生成效果，满意后确定生成拉伸实体，如图5.46所示，分别为沿Z轴单向和双向拉伸生成的实体。

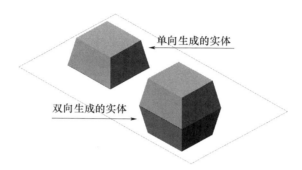

图5.46 单向和双向拉伸生成的实体

3. 截面旋转

屏幕菜单命令：

【体量建模】→【截面旋转】（JMXZ）

该命令通过使闭合截面曲线绕某个固定轴旋转形成回旋实体。

执行命令，依命令行提示选取闭合的旋转截面曲线后，出现如图5.47所示对话框。

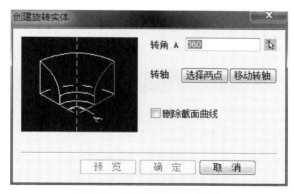

图5.47 创建旋转实体对话框

对话框选项和操作解释：

（1）"转角A"：实体旋转的圆心角，可以是正值或者负值。单击右侧按钮可以进入屏幕点取两点，起点到终点的延伸方向角度就是所获得的角度。

（2）"选择两点"：在图上取两点定义转轴方向，起点和终点的延伸方向决定了旋转的方向。

111

（3）"移动转轴"：移动转轴位置（在已选择有效转轴时起作用）。

（4）"删除截面曲线"：决定是否在完成旋转生成实体后把闭合截面曲线删除。

在对话框中输入参数后，单击确定按钮完成命令，生成旋转实体，如图5.48所示。

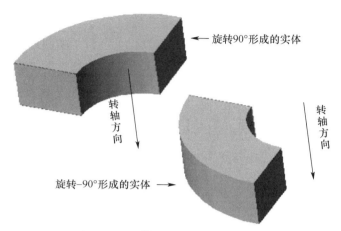

图5.48　旋转正负角度形成的实体

4. 截面放样

屏幕菜单命令：

【体量建模】→【截面放样】（JMFY）

通过使闭合截面曲线沿放样路径曲线放样扫描形成实体。

执行命令后弹出如图5.49所示对话框。

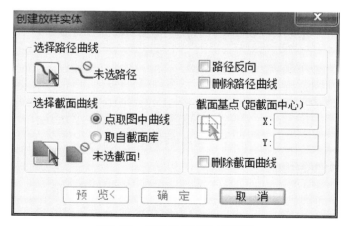

图5.49　创建放样实体对话框

对话框界面参数及操作类似于路径曲面，在此不再详述。

5.2.2.2 编辑体量模型

1. 布尔运算

布尔运算与"布尔编辑"操作的方法类似，但适用的范围不同，前者是针对三维实体模型，后者是用于二维对象。

（1）并集。

屏幕菜单命令：

【体量建模】→【实体并集】（STBJ）

对实体进行并集运算，从而生成复合实体，同样，也可以对复合实体进行并集运算。如果进行并集运算的实体间有部分重叠的关系，那么获得的复合实体将保留原有实体相交部分的相贯线，如果实体间没有部分重叠的关系，那么生成的复合实体在逻辑上仍然是一个整体，类似于图块中的一个对象，如图5.50所示。

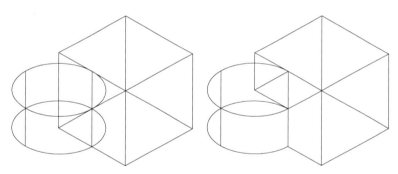

图5.50 并集操作前后对比

（2）差集。

屏幕菜单命令：

【体量建模】→【实体差集】（STCJ）

对实体进行差集运算，从而生成复合实体，同样，也可以对复合实体进行差集运算。命令的执行过程中需要用户指定源实体和被减去的实体。在选择源实体和被减去的实体时可以分别选择多个，这时是指把多个源实体和多个被减实体当作一个整体，首先把多个源实体进行并集运算生成一个复合实体，然后这个复合实体再分别与多个被减实体作差集运算。需要注意的是只有在实体之间有重叠部分的时候，操作才有意义，如图5.51所示。

（3）交集。

屏幕菜单命令：

【体量建模】→【实体交集】（STJJ）

对实体进行交集运算，从而生成复合实体，同样，也可以对复合实体进行交集运算。如果实体间有重叠的部分，那么运算的结果就是重叠的部分，如果实体间没有重叠的部分，那么交集的运算结果为0，即删除所选择的实体，如图5.52所示。

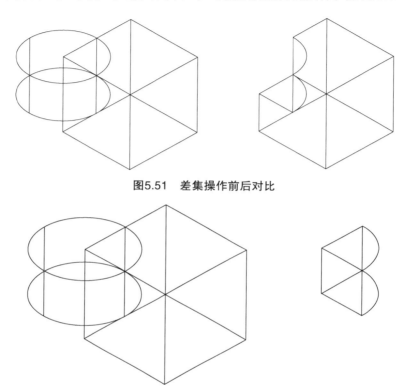

图5.51　差集操作前后对比

图5.52　交集操作前后对比

2. 实体切割

屏幕菜单命令：

【体量建模】→【实体切割】（STQG）

沿某个切割面把实体切割为两部分，从而创建用户需要的复合实体，切割面可以通过两点或三点来确定，对话框如图5.53所示。

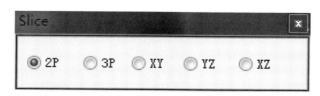

图5.53　实体切割对话框

其中："2P"：在平面上点取两点定义一个垂直当前视图的切割面。

"3P"：在空间上通过点取三点定义一个切割面。

"XY"：在空间通过某一 Z 坐标基础上的 XY 平面作为一个切割面。

"YZ"：在空间通过某一 X 坐标基础上的 YZ 平面作为一个切割面。

"XZ"：在空间通过某一 Y 坐标基础上的 XZ 平面作为一个切割面。

3. 分离最近

屏幕菜单命令：

【体量建模】→【分离最近】（FLZJ）

本命令取消复合实体最近一次的布尔运算，并把最近参与运算的各个实体分离。如果在执行分割实体后执行本命令，会恢复被分割的实体，同时把原来舍弃的部分分离，如图 5.54 所示。

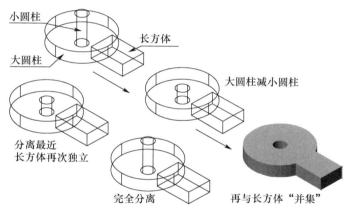

图5.54　分离最近命令实例

4. 完全分离

右键菜单命令：

〈选中实体〉→【完全分离】（WQFL）

本命令能够把组成复合实体的各个单元实体分离出来。实例如图 5.54 所示。

5. 去除参数

右键菜单命令：

〈选中实体〉→【去除参数】（QCCS）

本命令将 TERA 基本形体实体以及经过布尔运算的复合实体除去 TERA 特征和编辑的历史纪录，转变成 ACAD 普通对象 3Dsolid，仍然可以进行布尔运算。

5.2.3 热环境计算

1. 工程设置

屏幕菜单命令:

【热环境】→【工程设置】（GCSZ）

本命令为基本信息输入界面（见图5.55）。

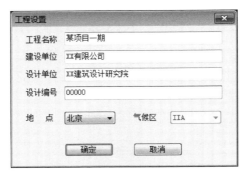

图5.55 工程设置对话框

2. 热岛强度

屏幕菜单命令:

【热环境】→【热岛强度】（RDQD）

本命令是一个分析功能,除了能计算平均热岛强度指标以外,还可以对其进行分析,即通过修改各项区域的面积来调试结果。

运行命令后,如果总图中不只有一个红线层,按照命令行提示单击目标红线后弹出对话框,如果总图中只有唯一红线,则直接弹出对话框,如图5.56所示。

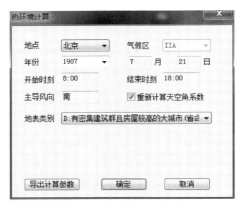

图5.56 热岛强度对话框

对话框选项和操作解释：

（1）"地点"：项目所在城市，可以下拉更改，在下拉列表选择"更多地点"，可通过地区选择对话框进行编辑。

（2）"气候区"：住区地点所属的建筑气候区，根据地点自动适配。

（3）"年份"：每一年的日照不同，会影响阴影，进而影响住区温度的结果。

（4）"7月21日"：热环境计算干球温度取值的典型气象日。

（5）"开始时刻"和"结束时刻"：热环境分析的北京时间区间，共11个小时，随着各个城市所在地理位置不同而不尽相同。

（6）"主导风向"：当地夏季典型气象日主导风向。

（7）"地表类别"：住区所在地理环境，可以通过下拉菜单选择，如图5.57所示。

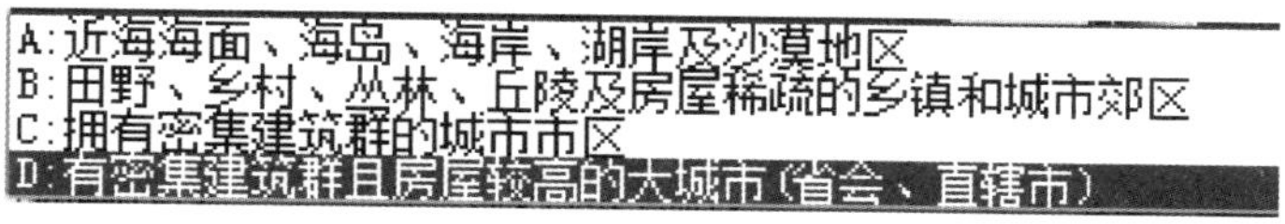

A:近海海面、海岛、海岸、湖岸及沙漠地区
B:田野、乡村、丛林、丘陵及房屋稀疏的乡镇和城市郊区
C:拥有密集建筑群的城市市区
D:有密集建筑群且房屋较高的大城市（省会、直辖市）

图5.57　地表类别下拉菜单

（8）"重新计算天空角系数"：天空角系数是反应地面上的物体（建筑）与天空几何形状与位置关系的系数，由于建筑与天空产生相互辐射，因此该系数的变化影响辐射的效果，且随着地点、地块面积、建筑高度、面积、布局的改变而改变。

当使用一张总图第一次运行"热岛强度"时，无论是否勾选"重新计算天空角系数"，系统都会自动进行计算。之后如果保存图纸文件，则天空角系数的计算结果也会保存，之后如果再次进行计算，可以不勾选"重新计算天空角系数"。但是如果改变了地理位置或者建筑，需要对天空角系数重新计算，以保证计算结果的准确性。

（9）"导出计算参数"：单击后弹出excel表格，可以查看当前城市的典型气象日逐时气象参数以及渗透地面夏季逐时的蒸发量数据。

设定好以上的选项以后，在"计算目标"下面勾选要计算热岛强度还是湿球黑球温度。勾选之后单击"确定"，程序就开始计算了。

计算结果浏览如图5.58所示。

单击"插入图中"，可将计算结果插入DWG图中，其他命令的该按钮功能与此一样，后面不再赘述。

时刻(北京时)	平均温度(	太阳辐射升温(	长波辐射降温(	蒸发换热降温(	居住区温度	典型气象温度	温差(℃)
8:00	26.1	1.3	4.0	1.6	21.9	24.4	-2.5
9:00	26.1	2.6	3.9	1.8	23.0	25.4	-2.4
10:00	26.1	4.1	3.9	1.9	24.4	26.4	-2.0
11:00	26.1	5.9	3.9	1.8	26.3	27.3	-1.0
12:00	26.1	7.8	3.9	1.6	28.4	28.2	0.2
13:00	26.1	9.4	3.8	1.4	30.4	28.9	1.5
14:00	26.1	10.8	3.7	1.1	32.1	29.4	2.7
15:00	26.1	11.7	3.8	0.9	33.1	29.7	3.4
16:00	26.1	12.1	3.7	0.7	33.8	29.6	4.2
17:00	26.1	12.1	3.7	0.6	34.0	29.3	4.7
18:00	26.1	11.7	3.7	0.5	33.6	28.8	4.8

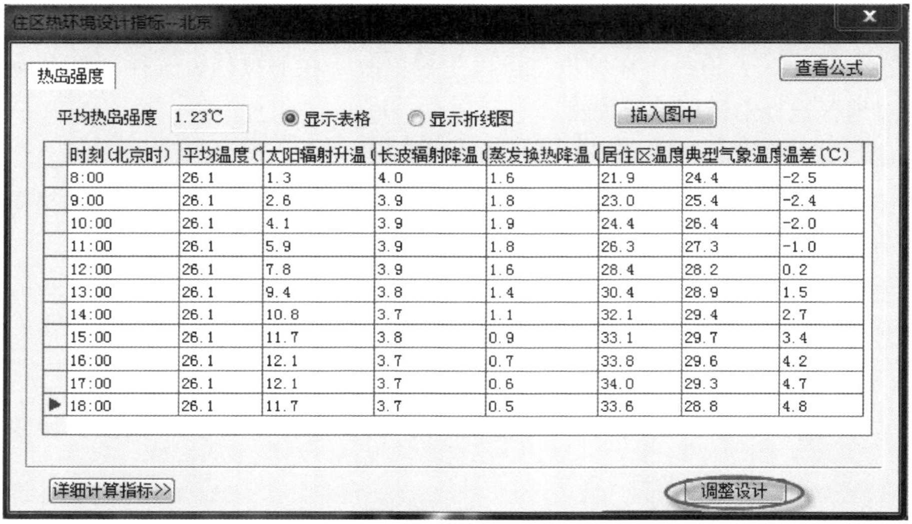

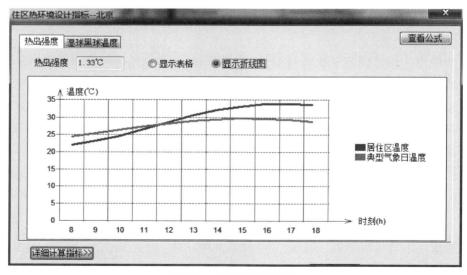

图5.58　热岛分析计算结果

即使没有将表格插入图中，当关闭整个对话框后，计算结果的相关数据也会自动保存在文件中，这样会在输出报告时省去很多时间。其他指标计算的结果保存也都遵循这一规则。

还可以选择由折线图表示，选择“显示折线图”，显示如图5.59所示。

图5.59　热岛强度折线图

单击“查看公式”按钮，可以看到计算原理，如图5.60所示。

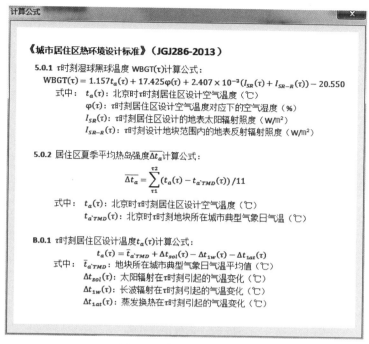

图5.60　热环境计算公式

单击"详细计算指标"按钮可看到相关的计算指标，如图5.61所示。

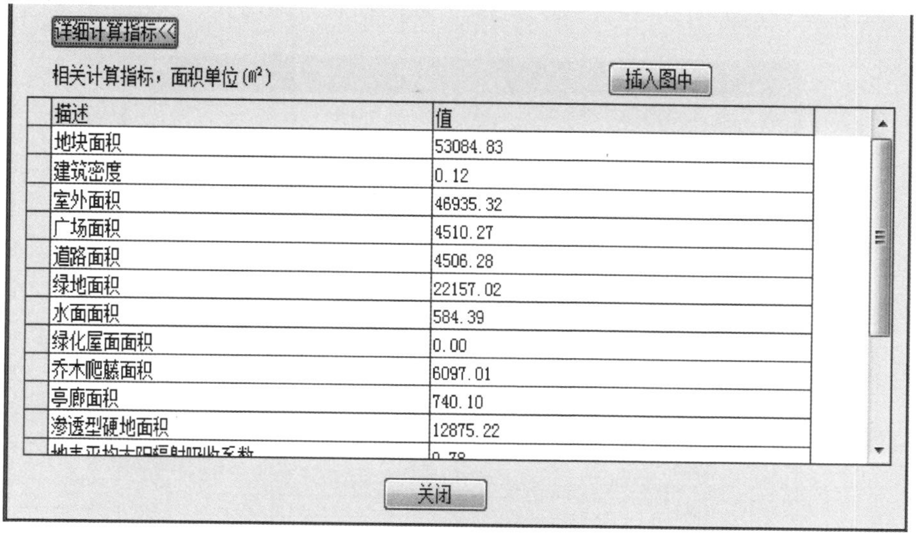

描述	值
地块面积	53084.83
建筑密度	0.12
室外面积	46935.32
广场面积	4510.27
道路面积	4506.28
绿地面积	22157.02
水面面积	584.39
绿化屋面面积	0.00
乔木爬藤面积	6097.01
亭廊面积	740.10
渗透型硬地面积	12875.22
地表平均太阳辐射吸收系数	0.78

相关计算指标，面积单位(m²)　　　插入图中

详细计算指标《

关闭

图5.61　住区详细指标

单击"调整设计"，显示分析界面，如图5.62所示。

图5.62　调整设计界面

在该界面中，左上角显示当前的平均热岛强度，表格左边列可以展开所有类型，所有属性的活动场地及区域，中间一列显示图中读取的面积，可以在右边一列输入正数或负数，随意增减任意场地或区域的面积，如图5.63所示。

图5.63　修改区域面积

如图5.63所示，在增减完毕后，随意单击其他空行，平均热岛强度就自动刷新为更改面积后的计算结果，单击确定后，热岛分析对话框中各温度参数也会变化为重新计算的结果，如图5.64所示。

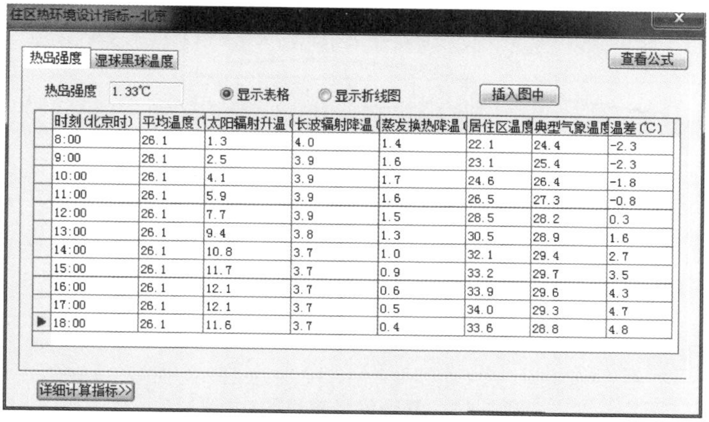

时刻(北京时)	平均温度(	太阳辐射升温(	长波辐射降温(	蒸发换热降温(	居住区温度	典型气象温度	温差(℃)
8:00	26.1	1.3	4.0	1.4	22.1	24.4	-2.3
9:00	26.1	2.5	3.9	1.6	23.1	25.4	-2.3
10:00	26.1	4.1	3.9	1.7	24.6	26.4	-1.8
11:00	26.1	5.9	3.9	1.6	26.5	27.3	-0.8
12:00	26.1	7.7	3.9	1.5	28.5	28.2	0.3
13:00	26.1	9.4	3.8	1.3	30.5	28.9	1.6
14:00	26.1	10.8	3.7	1.0	32.1	29.4	2.7
15:00	26.1	11.7	3.7	0.9	33.2	29.7	3.5
16:00	26.1	12.1	3.7	0.6	33.9	29.6	4.3
17:00	26.1	12.1	3.7	0.5	34.0	29.3	4.7
18:00	26.1	11.6	3.7	0.4	33.6	28.8	4.8

图5.64　修改区域面积后的结果

可以通过不断调整设计来确定居住区各个区域和场地的最佳面积。

3. 湿球黑球温度

屏幕菜单命令：

【热环境】→【湿黑温度】(SHWD)

该命令用于计算并分析湿球黑球温度，对话框、调整设计与热岛强度基本一致，不再赘述。

结果对话框如图5.65以及图5.66所示。

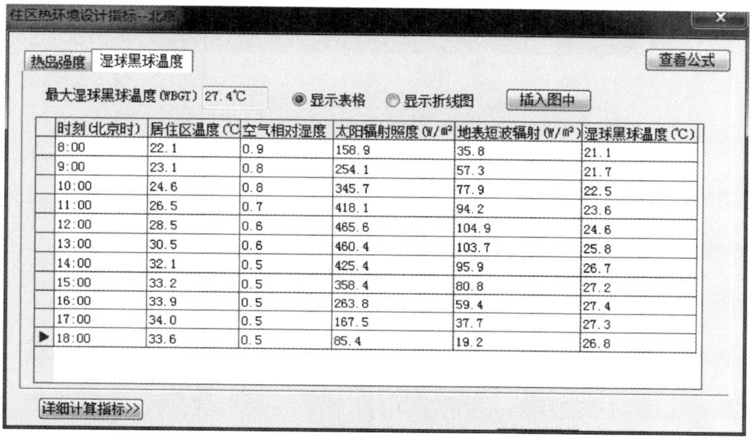

时刻(北京时)	居住区温度(℃	空气相对湿度	太阳辐射照度(W/m²	地表短波辐射(W/m²)	湿球黑球温度(℃)
8:00	22.1	0.9	158.9	35.8	21.1
9:00	23.1	0.8	254.1	57.3	21.7
10:00	24.6	0.8	345.7	77.9	22.5
11:00	26.5	0.7	418.1	94.2	23.6
12:00	28.5	0.6	465.6	104.9	24.6
13:00	30.5	0.6	460.4	103.7	25.8
14:00	32.1	0.5	425.4	95.9	26.7
15:00	33.2	0.5	358.4	80.8	27.2
16:00	33.9	0.5	263.8	59.4	27.4
17:00	34.0	0.5	167.5	37.7	27.3
18:00	33.6	0.5	85.4	19.2	26.8

图5.65　湿球黑球温度计算结果(表格)

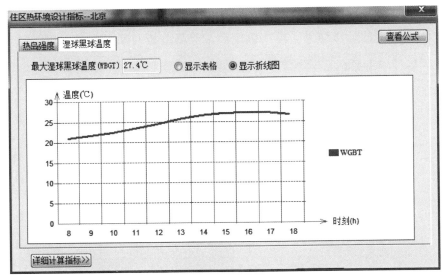

图5.66　热环境计算结果（曲线）

4. 温度分布

屏幕菜单命令：

【热环境】→【温度分布】（WDFB）

该命令用于在典型日对住区的温度分布进行网格化模拟计算，结果为云图形式。命令界面如图5.67所示。

运行命令后，命令行会提示"住区气温"/"建筑表面"供选择，前者得出典型日白天逐时住区内地面1.5 m高处的气温分布（见图5.68），后者得出典型日白天建筑表面温度分布（见图5.69）。

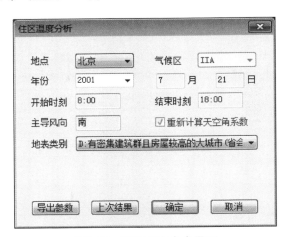

图5.67　温度分布命令界面

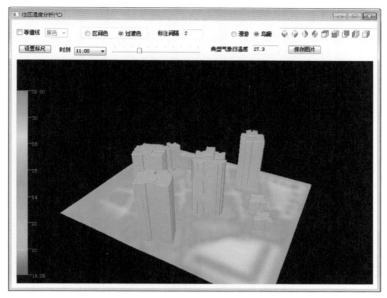

图5.68　地面1.5 m高处气温分布云图

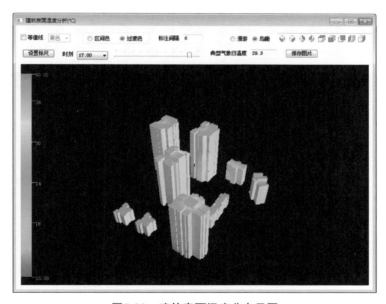

图5.69　建筑表面温度分布云图

5. 迎风面积

屏幕菜单命令:

【热环境】→【迎风面积】(YFMJ)

本命令用来查看住区各个建筑的迎风面积比,并可求出平均迎风面积比,以

123

判定是否达到《城市居住区热环境设计标准》（JGJ 286—2013）4.1.1强制条文的要求。迎风面积比对话框如图5.70所示。

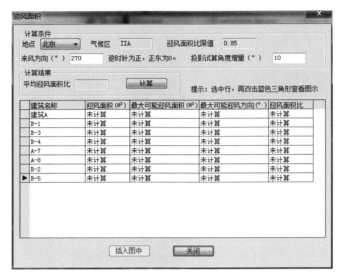

图5.70　迎风面积比对话框

设定好计算条件后，单击"计算"按钮，计算结果如图5.71所示。

图5.71　迎风面积计算结果

124

如果计算出来的平均迎风面积比超出限值，则显示为红色。

选中某建筑，双击蓝色三角形，可以查看该建筑的迎风面积情况，如图5.72及图5.73所示。

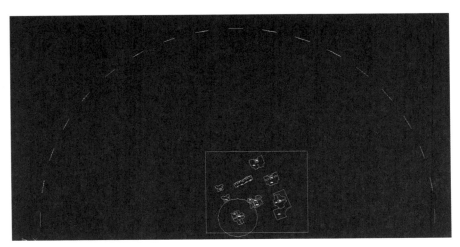

图5.72 迎风面积详情（平面显示效果）

计算风向指向黄线，而达到最大迎风面积的来风方向指向红线。

图5.73 迎风面积详情（东南等轴测显示效果）

6. 遮阳覆盖率

屏幕菜单命令：

【热环境】→【遮阳覆率】（ZYFL）

本命令用来查看住区活动场地遮阳覆盖率是否达到《城市居住区热环境设计标准》（JGJ 286—2013）4.2.1强制条文的要求，本命令的对话框如图5.74所示。

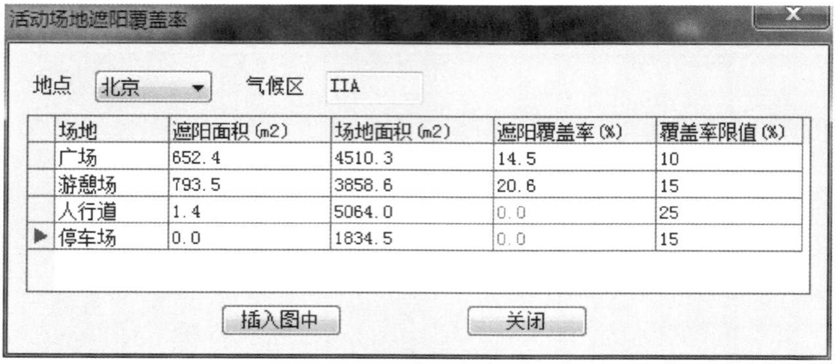

图5.74　遮阳覆盖率对话框

计算结果界面显示了地点，可以下拉更改，所属气候区则自动匹配。在计算结果的表格中，如果图中的遮阳覆盖率不能满足规定限值，将会显示为红色数字。

《城市居住区热环境设计标准》（JGJ 286—2013）4.2.2的条文说明中规定：当构筑物遮阳构架或遮阳构架连同上部覆盖整体的太阳直射透过率高于80％时，构架的遮阳效果差，不计入遮阳面积；当乔木树冠的叶面积指数低于3.0时，树冠的遮阳能力微弱，不计入遮阳面积。因此，如果在进行区域设置时选用了棚盖可见光透射比高于80％的亭廊或者叶面积指数≤3.0的乔木爬藤，不会计入本命令统计的遮阳面积中。但是会参与计算平均热岛强度和湿球黑球温度的计算。

7. 屋面绿化率

屏幕菜单命令：

【热环境】→【屋面绿率】（WMLL）

本命令用来统计各个建筑的屋面绿化率，单击命令，程序自动计算并列表，对话框如图5.75所示。

对话框列出了每栋建筑的屋面轮廓面积、屋面绿化面积、可绿化屋面面积、屋面绿化率。

屋面绿化率＝屋顶绿化面积/可绿化屋面面积。

当屋面绿化率＜50％时，不能满足规定性设计要求，数值为红色，按设计规定应当满足评价性设计要求。

可绿化屋面面积可以根据建筑的实际情况手动修改，数值不能超过屋面轮廓面积，修改后的屋面绿化率会相应刷新为修改后的计算结果。

屋面绿化率

建筑	建筑轮廓面积(m²)	屋顶绿化面积(m²)	可绿化屋面面积(m²)	屋面绿化率(%)
A-1	236.4	122.4	236.4	52
A-2	238.2	122.4	238.2	51
A-3	658.6	204.7	658.6	31
B-1	797.4	478.3	797.4	60
B-2	723.1	313.1	723.1	43
B-3	762.4	380.9	762.4	50
单体-A	556.3	0.0	556.3	0
单体-B	320.1	0.0	320.1	0
单体-C	312.1	0.0	312.1	0
合计	4604.5	1621.8	4604.5	35

插入图中　确定

图5.75　屋面绿化率对话框

以建筑A-3为例，图中屋面绿化率为31%，绿化面积204.7 m²，将相应的可绿化屋面面积进行修改（见图5.76）。

屋面绿化率

建筑	建筑轮廓面积(m²)	屋顶绿化面积(m²)	可绿化屋面面积(m²)	屋面绿化率(%)
A-1	236.4	122.4	236.4	52
A-2	238.2	122.4	238.2	51
A-3	658.6	204.7	400	51.2
B-1	797.4	478.3	797.4	60
B-2	723.1	313.1	723.1	43
B-3	762.4	380.9	762.4	50
单体-A	556.3	0.0	556.3	0
单体-B	320.1	0.0	320.1	0
单体-C	312.1	0.0	312.1	0
合计	4604.5	1621.8	4346.0	37.3

插入图中　确定

图5.76　屋面绿化率修改

将可绿化屋面面积改为400 m²后，按回车键或在空白处单击，A-3建筑的屋面绿化率自动计算为调整后的51.2%。

与“迎风面积”类似，选中某建筑，双击蓝色三角形，可以在总图中定位到该建筑，右击则可以返回到对话框。

8. 绿化遮阳体

屏幕菜单命令：

【热环境】→【绿化遮阳】（LHZY）

本命令用来统计总图内不同叶面积指数的绿化遮阳体（乔木、爬藤）面积，点击命令后直接生成表格，按命令行提示，左键插入DWG图中，效果如图5.77所示。

绿化遮阳体		
遮阳体类型	叶面积指数	面积(m²)
乔木	LAI>3	4499
	2.0<LAI<=3.0	400
	1.0<LAI<=2.0	0
	0.5<LAI<=1.0	0
	LAI<=0.5	0
爬藤植栽	LAI>3	652
	2.0<LAI<=3.0	658
	1.0<LAI<=2.0	0
	0.5<LAI<=1.0	0
	LAI<=0.5	0

图5.77 绿化遮阳体统计

当有绿化遮阳体的叶面积指数（LAI）≤3.0时，按设计规定应当满足评价性设计要求。

9. 渗透蒸发

屏幕菜单命令：

【热环境】→【渗透蒸发】（STZF）

本命令用来计算规定性设计中的活动场地渗透蒸发指标，对话框如图5.78所示，对话框中分别列出了各类场地的渗透蒸发相关数据、渗透面积比率以及住区总体的活动场地透水系数及蒸发量。当有指标不满足规定性设计中渗透蒸发相关限值时，数值为红色字体，按设计规定应当满足评价性设计要求。

10. 底层通风

屏幕菜单命令：

【热环境】→【底层通风】（DCTF）

本命令用来计算规定性设计中底层通风情况，该指标只适用Ⅲ、Ⅳ、Ⅴ建筑气候区。本命令对话框如图5.79所示，可更改城市，主导风向和气候区随之自动匹配。单击"确定"按钮，结果如图5.80所示。

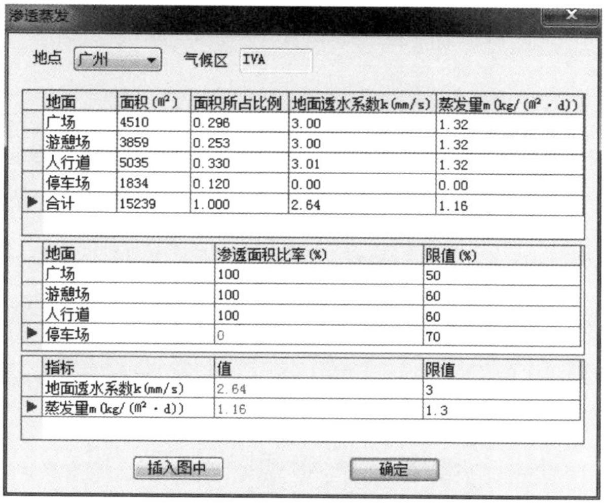

地面	面积(m²)	面积所占比例	地面透水系数k(mm/s)	蒸发量m (kg/(m²·d))
广场	4510	0.296	3.00	1.32
游憩场	3859	0.253	3.00	1.32
人行道	5035	0.330	3.01	1.32
停车场	1834	0.120	0.00	0.00
合计	15239	1.000	2.64	1.16

地面	渗透面积比率(%)	限值(%)
广场	100	50
游憩场	100	60
人行道	100	60
停车场	0	70

指标	值	限值
地面透水系数k(mm/s)	2.64	3
蒸发量m (kg/(m²·d))	1.16	1.3

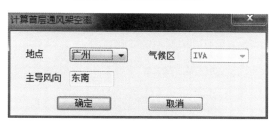

图5.78　渗透蒸发对话框

图5.79　底层通风架空对话框

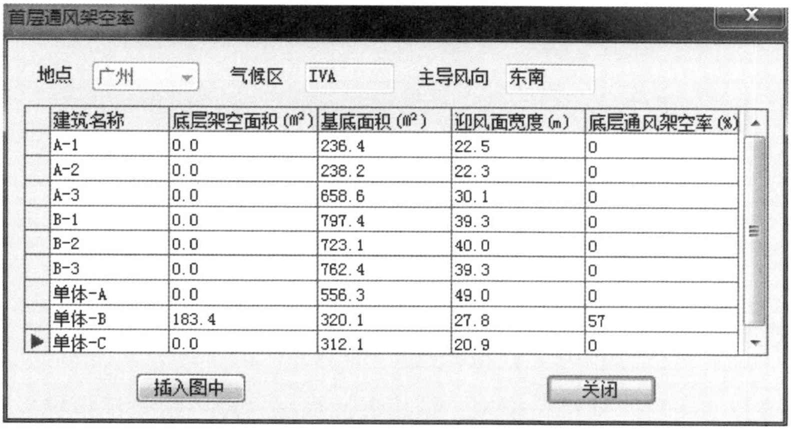

建筑名称	底层架空面积(m²)	基底面积(m²)	迎风面宽度(m)	底层通风架空率(%)
A-1	0.0	236.4	22.5	0
A-2	0.0	238.2	22.3	0
A-3	0.0	658.6	30.1	0
B-1	0.0	797.4	39.3	0
B-2	0.0	723.1	40.0	0
B-3	0.0	762.4	39.3	0
单体-A	0.0	556.3	49.0	0
单体-B	183.4	320.1	27.8	57
单体-C	0.0	312.1	20.9	0

图5.80　底层通风架空计算界面

根据设计规定，如果在Ⅲ、Ⅳ、Ⅴ建筑气候区，当夏季主导风向上的建筑物迎风面宽度超过80 m时，该建筑底层的通风架空率小于10%，数值将显示为红色。此时住区应当满足评价性设计要求。

11. 降热计算

屏幕菜单命令：

【热环境】→【降热计算】（JRJS）

本命令用来按《绿色建筑评价标准》（GB/T 50378—2019）进行降低热岛强度的计算，命令界面如图5.81所示，其中现行国标的规定包括活动场地遮阴、车道遮阴和屋顶遮阴。

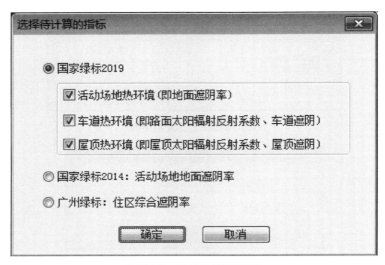

图5.81　降热计算对话框

选择"国家绿标2019"，单击确定后，出现如图5.82所示对话框。

图5.82　按"国家绿标2019"降热计算对话框

只需选择红线后，即进行模拟，结果界面根据《绿色建筑评价标准》（GB/T 50378—2019）8.2.9的各款要求，可以切换查看活动场地、车道和屋顶的计算结果（见图5.83~图5.85）。结果界面中包含统计结果和效果图。此外，系统还可以直接输出降热计算的计算书。

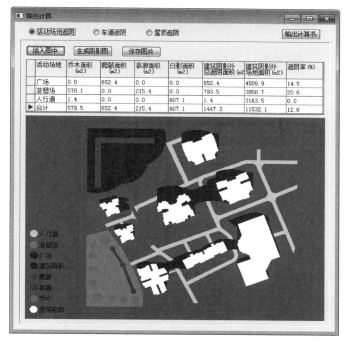

图5.83　活动场地遮阴模拟结果

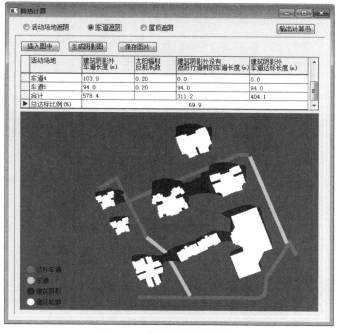

图5.84　车道遮阴模拟结果

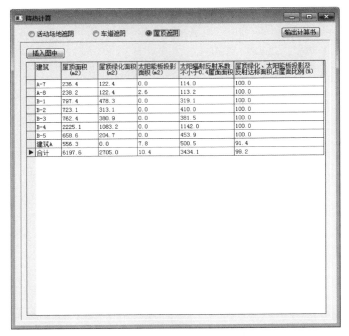

图5.85 屋顶遮阴模拟结果

12. 绿容率

屏幕菜单命令:

【热环境】→【绿容率】(LRL)

本命令一键统计《绿色建筑评价标准》(GB/T 50378—2019) 9.2.4要求的绿容率,对话框如图5.86所示。

类别	占地面积(m²)	系数	绿容量(m²)
冠层密集乔木	4787	叶面积指数: 4	19147
冠层稀疏乔木	0	叶面积指数: 2	0
密集爬藤	1310	叶面积指数: 4	5241
稀疏爬藤	0	叶面积指数: 2	0
屋面绿化	2705	计算系数: 1	2705
草地	23039	计算系数: 1	23039
灌木	0	计算系数: 3	0
▶ 合计			50132

绿容率: 0.94 绿容量: 50132 m² 场地面积: 53085 m²

[插入图中] [导出Excel] [关闭]

图5.86 绿容率对话框

13. 输出报告

屏幕菜单命令：

【热环境】→【热环报告】（RHBG）

运行命令后，命令行会提示输出哪一款报告书，如图5.87所示。如果输出规定性设计报告书，则无须进行"热岛强度"和"湿黑温度"这些评价性指标的计算。界面下半部分为计算书中场地平面图、鸟瞰图的截取方式。计算书范例如图5.88所示。

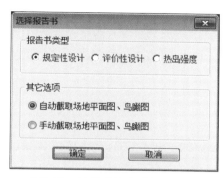

图5.87　计算书输出选择对话框

1　住区概况

工程名称	XXX住宅小区	
工程地点	广州	
地理位置	北纬：23.13°	东经：113.23°
建筑气候区	IVA	
主导风向	东南	

5.2　活动场地遮阳覆盖率

场地	遮阳面积(m²)	场地面积(m²)	遮阳覆盖率(%)	覆盖率限值(%)
广场	652.4	4510.3	14	25
游憩场	793.5	3858.6	21	30
人行道	1.5	5035.4	0	50
停车场	0.0	1834.5	0	30
依据	《城市居住区热环境设计标准》4.2.1条			
标准要求	各类活动场地遮阳覆盖率不得低于标准要求限值			
结论	不满足			

平均热岛强度(℃)	0.74
依据	《城市居住区热环境设计标准》3.3.1条规定指标，按照5.0.2条的公式计算
标准要求	居住区夏季平均热岛强度不应大于1.5℃
结论	满足

图5.88　计算书范例

5.3 PKPM-TED 软件介绍

住区热环境设计评价软件 PKPM-TED 是北京构力科技有限公司基于《绿色建筑评价标准》（GB/T 50378—2019）和《城市居住区热环境设计标准》（JGJ 286—2013），与华南理工大学合作开发的一套系统软件。此软件基于大量深入调研，研发单位与规划管理与规划设计单位进行了一系列密切交流，经过反复推敲和艰苦研发，最终开发成功。该软件可自动生成可溯源的热环境计算报告书，帮助用户快速完成建筑热环境的模拟分析和设计工作。其中，TED 是 Thermal Environment Design 的简写。

5.3.1 软件功能及特色

1. 全面对标
住区热环境设计评价软件 PKPM-TED 严格按照《绿色建筑评价标准》（GB/T 50378—2019）和《城市居住区热环境设计标准》（JGJ 286—2013）设计。模拟条件设置、计算方法、报告书格式符合《民用建筑绿色性能计算标准》（JGJ/T 449—2018）要求。

2. 一键计算
独家亮点功能，用户最快只需"点击 4 下鼠标"即可完成绿建室外热环境性能分析——打开软件、读取模型、点击一键计算按钮、点击生成报告。

3. 一模多用
能直接读取 bdl、bdls、stl、天正、Revit、3d MAX、犀牛等模型格式；一次建模，完成多项模拟。

4. 统计与结果
可自动统计场地、逐时及平均温度（主要是湿球黑球温度、热岛强度），场地遮阴面积比例、机动车道遮阴比例、屋面遮阴及绿化达标比例等指标。

5. 自动生成专业报告书
自动生成可溯源的、符合绿色建筑审查要求的"住区热环境设计分析报告"。

5.3.2 输入与设计分析

1. 操作流程
用户视角下的软件操作流程如图 5.89 所示，软件界面如图 5.90 所示。

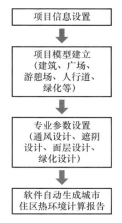

图5.89 TED操作流程

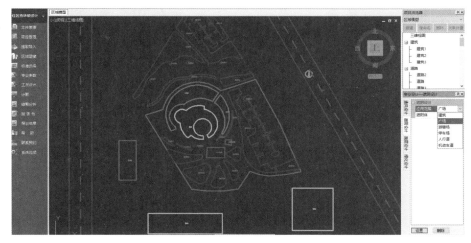

图5.90 软件界面

2. 专业参数设计

专业参数设计是对场地的通风、遮阳、渗透与蒸发、绿化与绿地等参数进行设置，参数设置既可满足规定性设计计算也可进行评价性设计计算，同时，相应参数也可对降低热岛措施进行计算分析。TED软件菜单及专业参数设计下拉菜单如图5.91所示。亭廊设置、活动场地设置、场地参数设计界面如图5.92～图5.94所示。

3. 工况设置

软件可按照《城市居住区热环境设计标准》（JGJ 206—2013）和《绿色建筑设计标准》（GB/T 50378—2019）的要求自动设置模拟工况，自动读取当地气象数据库参数和标准默认参数。工况设置界面如图5.95所示。

图5.91　软件菜单

图5.92　亭廊设置

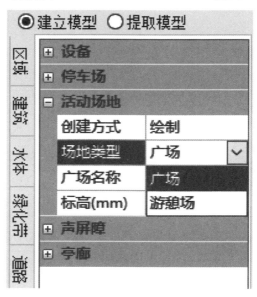

图5.93　活动场地设置

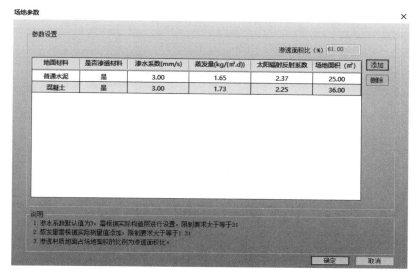

图5.94 场地参数设计

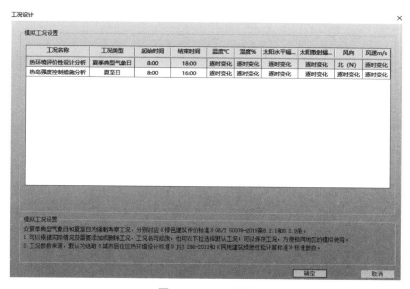

图5.95 工况设置

4. 计算分析配置

软件按照《城市居住区热环境设计标准》（JGJ 206—2013）和《绿色建筑设计标准》（GB/T 50378—2019）要求自动匹配限值要求，可满足规定性设计、评价性设计、降低热岛强度措施等计算配置要求。规定性设计分析设置如图 5.96 所示，评价性设计分析设置如图 5.97 所示。

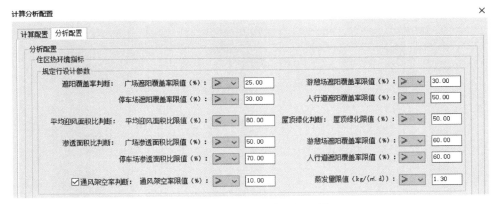

图5.96 规定性设计分析设置

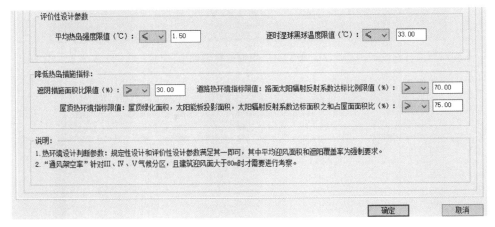

图5.97 评价性设计分析设置

5. 结果分析

计算完成后软件可对结果进行分析，如图5.98和图5.99所示。输出住区热环境达标情况及降低热岛措施的得分情况，用户可根据结果返回参数设置，优化住区热环境设计。

6. 自动生成报告书

软件可自动生成报告书（见图5.100），格式满足《绿色建筑评价标准》（GB/T 50378—2019）和《民用建筑绿色性能计算标准》（JGJ/T 449—2018）专项报告要求，并附计算表格（见图5.101）。后期会根据地方标准的制定，不断添加报告书格式，满足各地审查要求。

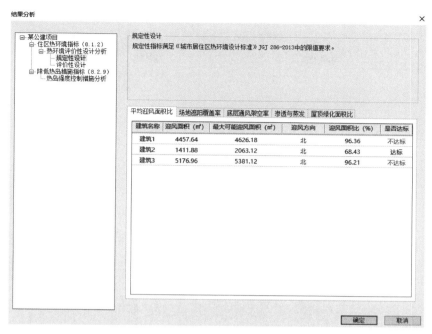

图5.98 平均迎风面积比分析

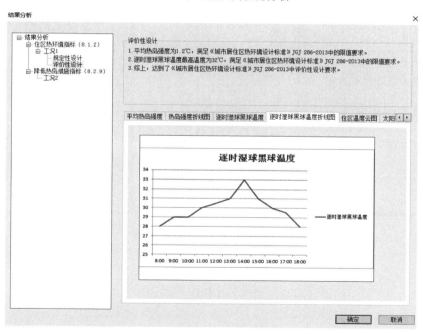

图5.99 逐时湿球黑球温度折线图

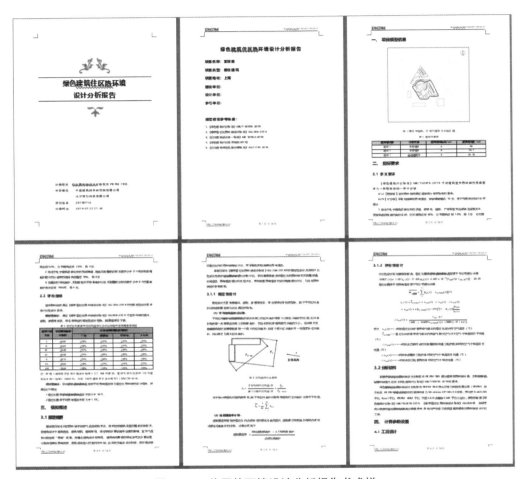

图5.100　住区热环境设计分析报告书式样

附录

附表1　活动场地遮阴措施面积比计算

场地类型	场地名称	乔木遮阴面积/m²	构筑物遮阴面积/m²	遮阴面积/m²	场地面积/m²	遮阴措施面积比（%）	遮阴措施面积限值（%）
广场	广场1	17.80	42.50	60.3	300.05	20.1	30.0
	广场2	30.80	60.50	91.30	315.05	32.5	30.0
游憩场	游憩场1	117.30	83.20	200.50	400.30	50.1	30.0
人行道	人行道1	40.50	30.00	70.50	300.20	23.4	30.0
停车场	停车场1	179.00	152.30	331.3	500.55	33.1	30.0

附表2　机动车道遮阴面积比计算

道路类型	道路名称	道路长度/m	行道树路段长度/m	行道树种类	行道树名称	行道树路段所占比例（%）
公路	道路2	302.5	52.5	乔木	樟树	17.35
	道路3	424.5	88	乔木	樟树	20.75

附表3　机动车道高反射面积比例计算

道路名称	铺装材料	铺装面积/m²	路面太阳辐射反射系数	道路面积/m²	路面太阳辐射反射系数不小于0.4面积比例（%）
道路2	透水沥青	1825.7	0.35	3025	60.35
道路3	透水沥青	2003.7	0.35	4245	47.20

附表4　屋顶绿化及遮阴面积比例计算

建筑名称	屋顶绿化植物	屋顶面积/m²	屋顶可绿化面积/m²	屋顶绿化面积/m²	太阳能板投影面积/m²	屋顶绿化面积及太阳能板面积占屋面比例（%）
建筑1	佛甲草	400.50	400.05	200.45	15.20	35.0
	矮生紫薇					
	玉兰					
建筑3	佛甲草	322.25	322.25	100.53	12.52	
建筑4	佛甲草	325.33	325.33	202.35	25.32	

图5.101　热环境计算表格式样

5.4　住区热环境分析报告要求

根据《民用建筑绿色性能计算标准》（JGJ/T 449—2018），住区热环境分析报告，应包含以下内容：

（1）工程概况。

1）项目名称、项目地点、建筑功能和使用方式等。

2）注明邻近的周边建筑和主要道路等。

（2）计算依据。

1）有关标准规范的具体条款要求。

2）拟采用的住区热环境模拟所要解决的问题描述。

（3）计算软件应包括拟采用的住区热环境计算软件或计算工具介绍、版本号和运行平台。

（4）计算设定要求。

1）应包括计算域的选取原则、方法和选取情况。

2）应包括目标建筑和周边建筑的几何模型简化处理原则、方法和模型建立情况。

3）应给出主要的边界条件处理方法和相应的数学表达式。

4）当计算非稳态问题时，应给出初始条件处理方法和相应的数学表达式。

（5）计算模型及方法的要求。

（6）计算结果分析及结论要求。

1）热岛强度报告应提供各表面的太阳辐射累计量模拟结果，建筑表面及下垫面的表面温度计算结果，建筑室外风环境模拟结果等。

2）报告应有达标分析结论，结论应与计算结果在逻辑上保持一致。

6 热环境设计案例

6.1 设计案例——夏热冬暖地区某居住区

6.1.1 项目概况

1. 项目介绍

项目由5栋住宅楼和1个幼儿园组成。设计构思以人为本，努力创造一个自然、舒适的生活环境。项目南部是幼儿园，北部为住宅区。设计依据当地地形条件，幼儿园设置相对独立，向南侧市政路开口，有独立出入口，既保证幼儿园与住宅互不干扰，又充分利用了周边市政道路的便捷交通。合理控制住宅间距，保证日照、采光、通风与景观设计亲密结合，最大限度与自然亲和。鸟瞰图如图6.1所示、效果图如图6.2所示。项目概况如表6.1所示，指标如表6.2所示。

图6.1 夏热冬暖地区某居住区鸟瞰图

图6.2　夏热冬暖地区某居住区效果图

表6.1　夏热冬暖地区某居住区概况

工程名称	某居住区
工程地点	夏热冬暖地区某市
地理位置	北纬22.55°，东经114.12°
建筑气候区	Ⅳ
主导风向	东南

表6.2　夏热冬暖地区某居住区指标

指　标	数　值
地块面积/㎡	32135.09
建筑密度	0.13
室外面积/㎡	28021.65
广场面积/㎡	0.00
道路面积/㎡	371.49
绿地面积/㎡	7505.09

续表

指 标	数 值
水面面积/㎡	0.00
绿化屋面面积/㎡	0.00
乔木爬藤面积/㎡	187.49
亭廊面积/㎡	371.59
渗透型硬地面积/㎡	620.45
地表平均太阳辐射吸收系数	0.80
地面粗糙系数	0.30

2. 设计依据

住区热环境设计的主要依据是《城市居住区热环境设计标准》(JGJ 286—2013)以及《绿色建筑评价标准》(GB/T 50378—2019)。

6.1.2 热环境设计

1. 规定性设计指标检查结论

规定性设计指标检查结论如表6.3所示。

表6.3 夏热冬暖地区某居住区规定性设计指标检查结论

序号	检查项		标准值	计算值	结论
1	平均迎风面积比		≤0.70	0.70	满足
2	活动场地遮阳覆盖率	游憩场	≥30%	30%	满足
		人行道	≥50%	100%	
3	底层通风架空率	B01—1栋住宅	Ⅲ、Ⅳ、Ⅴ气候区,当夏季主导风向迎风面积宽度超过80 m时,底层通风架空率不应小于10%	29%	满足
		B01—2栋住宅		52%	
		B01—3栋住宅		50%	
		B01—4栋住宅		26%	
		B01—5栋住宅		28%	

续表

序号	检查项		标准值	计算值	结论
4	绿化遮阳体叶面积指数		≥3	>3	满足
5	地面透水系数		≥3	3.13	满足
6	蒸发量/[kg/(m²·d)]		≥1.3	0.83	不满足
7	渗透面积比率	游憩场	≥60%	100%	不满足
		人行道	≥60%	0	
8	屋面绿化率	B01-1栋住宅	建筑屋面的绿化面积不应低于可绿化屋面面积的50%	0	不满足
		B01-2栋住宅		0	
		B01-3栋住宅		0	
		B01-4栋住宅		0	
		B01-5栋住宅		0	
CTTC/h			10.60		
平均天空角系数			0.59		

2. 评价性设计指标检查结论

评价性设计指标检查结论如表6.4、表6.5所示。

表6.4　夏热冬暖地区某居住区平均热岛强度检查结论

时刻	平均温度/℃	太阳辐射升温/℃	长波辐射降温/℃	蒸发换热降温/℃	居住区温度/℃	典型气象温度/℃	温差/℃
8:00	28.2	1.1	2.7	0.5	26.1	28.2	-2.1
9:00	28.2	1.9	2.7	0.7	26.8	29.0	-2.2
10:00	28.2	3.0	2.7	0.7	27.8	29.7	-2.0
11:00	28.2	4.2	2.7	0.7	29.0	30.4	-1.4
12:00	28.2	5.6	2.7	0.6	30.4	30.9	-0.5
13:00	28.2	6.5	2.7	0.5	31.5	31.1	0.4
14:00	28.2	7.1	2.7	0.4	32.2	31.0	1.2
15:00	28.2	7.5	2.7	0.4	32.6	30.7	1.9

续表

时刻	平均温度/℃	太阳辐射升温/℃	长波辐射降温/℃	蒸发换热降温/℃	居住区温度/℃	典型气象温度/℃	温差/℃
16:00	28.2	7.5	2.7	0.3	32.8	30.1	2.7
17:00	28.2	7.3	2.7	0.2	32.6	29.4	3.2
18:00	28.2	6.8	2.6	0.1	32.2	28.8	3.4
平均热岛强度/℃	0.4						
依据	《城市居住区热环境设计标准》（JGJ 286—2013）3.3.1规定指标，按照5.0.2的公式计算						
标准要求	居住区夏季平均热岛强度不应大于1.5 ℃						
结论	满足						

表6.5　夏热冬暖地区某居住区湿球黑球温度检查结论

时刻	居住区温度/℃	空气相对湿度	太阳辐射照度/（W/m²）	地表短波辐射/（W/m²）	$WBGT$/℃
8:00	26.1	0.8	126.3	25.7	24.6
9:00	26.8	0.8	181.0	36.9	25.0
10:00	27.8	0.8	235.4	47.9	25.5
11:00	29.0	0.7	288.9	58.8	26.3
12:00	30.4	0.7	353.5	72.0	27.3
13:00	31.5	0.6	283.4	57.7	27.6
14:00	32.2	0.6	240.4	48.9	28.0
15:00	32.6	0.6	194.0	39.5	28.1
16:00	32.8	0.6	136.6	27.8	27.9
17:00	32.6	0.6	78.5	16.0	27.7
18:00	32.2	0.6	28.4	5.8	27.6
$WBGT$最大值/℃	28.1				
依据	《城市居住区热环境设计标准》（JGJ 286—2013）3.3.1规定指标，按照5.0.1的公式计算				
标准要求	居住区逐时$WBGT$不应大于33 ℃				
结论	满足				

3. 设计最终结论

设计最终结论如表6.6所示。

表6.6　夏热冬暖地区某居住区热环境评价最终结论

类别	检查项	结论	备注
强制性条文	平均迎风面积比	满足	强制性条文，必须满足
	活动场地遮阳覆盖率	满足	
规定性设计	底层通风架空率	满足	若不满足任意一条，进行评价性设计
	绿化遮阳体叶面积指数	满足	
	渗透蒸发指标	不满足	
	屋面绿化率	不满足	
评价性设计	平均热岛强度	满足	需同时满足强制性条文
	逐时 $WBGT$	满足	
结论			满足

本工程项目满足平均迎风面积比和活动场地遮阳覆盖率两条强制性条文的要求，虽然不能满足渗透蒸发指标、屋面绿化率的规定性设计要求，但是其平均热岛强度和逐时 $WBGT$ 是满足评价性设计要求的。因此，最终判断本项目的住区热环境满足《城市居住区热环境设计标准》（JGJ 286—2013）的要求。

6.2　设计案例——夏热冬冷地区某居住区

6.2.1　项目概况

1. 项目介绍

项目由28栋住宅楼和1个幼儿园组成。项目的定位是沿林场路南侧的交通便捷、环境优美的配套设施齐全的中高档居住区。居住区的规划要求按照"统一规划、设施完善、分期实施、综合开发"的原则，建设形成风格协调、独具特色的社区景观。合理控制住宅间距，保证日照、采光、通风，强调整体性和序列感，形成功能空间的整体和谐与景观结构的有机构成。鸟瞰图如图6.3所示，项目概况如表6.7所示，指标如表6.8所示。

图6.3 夏热冬冷地区某居住区鸟瞰图

表6.7 夏热冬冷地区某居住区概况

工程名称	某居住区
工程地点	夏热冬冷地区某市
地理位置	北纬31.12°，东经121.26°
建筑气候区	Ⅲ
主导风向	南

表6.8 夏热冬冷地区某居住区指标

指 标	数 值
地块面积/m²	118430
建筑密度	0.21
绿地面积/m²	29952
水面面积/m²	1381
绿化屋面面积/m²	0
乔木爬藤面积/m²	12308
水泥地块面积/m²	58713
透水砖面积/m²	3161
地表平均太阳辐射吸收系数	0.80
地面粗糙系数	0.22

2. 设计依据

住区热环境设计的主要依据是《城市居住区热环境设计标准》(JGJ 286—2013) 以及《绿色建筑评价标准》(GB/T 50378—2019)。

6.2.2 热环境设计

1. 规定性设计指标检查结论

规定性设计指标检查结论如表6.9所示。

表6.9 夏热冬冷地区某居住区规定性设计指标检查结论

序号	检查项		标准值	计算值	结论
1	平均迎风面积比		≤0.80	0.80	满足
2	活动场地遮阳覆盖率	游憩场	≥30%	35%	满足
		人行道	≥50%	100%	
		广场	≥25%	30%	
3	绿化遮阳体叶面积指数		≥3	>3	满足
4	地面透水系数		≥3	3.13	满足
5	蒸发量/[kg/(m²·d)]		≥1.3	0.83	不满足
6	渗透面积比率	游憩场	≥60%	100%	不满足
		人行道	≥60%	0	
		广场	≥50%	10	
		停车场	≥70%	40	
7	屋面绿化率	所有住宅	建筑屋面的绿化面积不应低于可绿化屋面面积的50%	0	不满足
	CTTC/h		11.688		
	平均天空角系数		0.617		

2. 评价性设计指标检查结论

评价性设计指标检查结论如表6.10、表6.11以及图6.4、图6.5所示。

表6.10 夏热冬冷地区某居住区平均热岛强度检查结论

时刻	长波辐射降温/℃	居住区温度/℃	典型气象温度/℃	温差/℃
8:00	3.4	24.7	29.1	−4.4
9:00	3.9	24.5	29.8	−5.3
10:00	4.7	25.2	30.3	−5.1
11:00	5.7	26.2	30.7	−4.5

续表

时刻	长波辐射降温/℃	居住区温度/℃	典型气象温度/℃	温差/℃
12:00	6.6	27.6	30.8	−3.2
13:00	7.4	29.0	30.9	−1.9
14:00	8.3	30.8	30.5	0.3
15:00	9.0	31.9	30.0	1.9
16:00	9.3	32.8	29.3	3.5
17:00	9.2	33.3	28.6	4.7
18:00	9.0	33.3	27.9	5.4
平均热岛强度/℃	−0.8			
依据	《城市居住区热环境设计标准》（JGJ 286—2013）3.3.1规定指标，按照5.0.2的公式计算			
标准要求	居住区夏季平均热岛强度不应大于1.5 ℃			
结论	满足			

表6.11 夏热冬冷地区某居住区 *WBGT* 检查结论

时刻	居住区温度/℃	阴影率	太阳辐射照度/（W/m²）	地表短波辐射/（W/m²）	*WBGT*/℃
8:00	24.7	0.9	79.1	27.5	25.1
9:00	24.5	1.0	97.9	43.2	25.5
10:00	25.2	0.9	102.3	58.6	25.8
11:00	26.2	0.9	101.9	71.0	26.3
12:00	27.6	0.8	95.3	77.5	26.8
13:00	29.0	0.8	82.8	74.2	27.5
14:00	30.8	0.7	66.1	71.5	28.2
15:00	31.9	0.7	56.2	59.2	28.6
16:00	32.8	0.6	42.9	43.2	28.9
17:00	33.3	0.6	30.7	27.0	28.9
18:00	33.3	0.6	23.0	13.6	28.7
*WBGT*最大值/℃	28.9				
依据	《城市居住区热环境设计标准》（JGJ 286—2013）3.3.1规定指标，按照5.0.1的公式计算				
标准要求	居住区逐时 *WBGT* 不应大于33 ℃				
结论	满足				

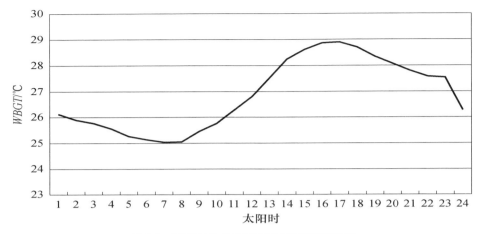

图6.4　夏热冬冷地区某居住区逐时WBGT

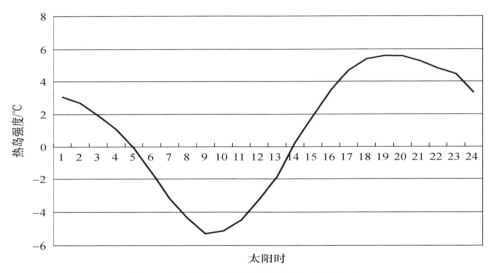

图6.5　夏热冬冷地区某居住区逐时热岛强度

3. 设计最终结论

设计最终结论如表6.12所示。

表6.12　夏热冬冷某居住区热环境评价最终结论

类别	检查项	结论	备注
强制性条文	平均迎风面积比	满足	强制性条文，必须满足
	活动场地遮阳覆盖率	满足	

续表

类别	检查项	结论	备注
规定性设计	绿化遮阳体叶面积指数	满足	若不满足任意一条，进行评价性设计
	渗透蒸发指标	不满足	
	屋面绿化率	不满足	
评价性设计	平均热岛强度	满足	需同时满足强制性条文
	逐时湿球黑球温度	满足	
结　论		满　足	

本工程项目满足平均迎风面积比和活动场地遮阳覆盖率两条强制性条文的要求，虽然不能满足渗透蒸发指标、屋面绿化率的规定性设计要求，但是其平均热岛强度和逐时湿球黑球温度是满足评价性设计要求的。因此，最终判断本项目的住区热环境满足《城市居住区热环境设计标准》（JGJ 286—2013）的要求。

6.3　设计案例——某科技创新园

某科技创新园是集科技研发、工业设计、软件开发、产业基地于一体的高技术产业研发园区。规划用地面积约为 4.8764 km²，主要包括办公用地、研发用地、公共服务设施用地、市政公用设施用地和绿化用地（含水体）。此项目虽不是住区项目，但仍采用 DUTE 软件进行了较充分的热环境设计，对住区项目有借鉴意义。针对当前的项目设计资料和所在气候区气象数据，以及国家相关标准要求，确定该项目园区热环境的控制目标；运用 DUTE1.0（著作权登记号 2008 SR12279）对现有方案模拟评价；找出本项目热岛状况、热安全指标现状与控制目标的差距，并提出具体的规划设计修改建议和技术应用建议。

6.3.1　整体评价

建立计算模型如图 6.6 所示，计算结果如表 6.13 所示。小区整体夏季室外平均 WBGT 小于 33 ℃，8:00—18:00 平均热岛强度小于 1.5 ℃，热环境状况整体良好。在 4:00—10:00 时段内，平均空气温度低于郊区的空气温度；17:00，园区的热岛强度达到最大值 4.1 ℃；夜间热岛强度普遍大于白天。园区 WBGT 在 14:00 达到最大值 32.1 ℃，满足热安全要求。夏季典型气象日 WBGT 逐时分布如图 6.7 所示。夏季典型气象日热岛强度逐时分布如图 6.8 所示。对于 4.8764 km² 区域，这样的结果显然过于粗糙了，这是集总参数法的缺点，也是优势。优势在于无论多大、多复杂的区域，都可以用夏季典型气象日逐时 *WBGT* 及逐时热岛强度两个指标评价。为了规避其缺陷，以各个分地块作为研究对象分别进行分析。

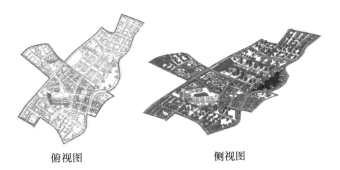

俯视图   侧视图

图6.6   计算模型的建立

表6.13 整个用地范围内的夏季典型气象日热环境模拟结果

时刻	园区平均 *WBGT* 计算值/℃	园区平均气温 计算值/℃	典型气象日 气温/℃	热岛强度/℃
1:00	25.7	29.2	27.5	1.7
2:00	25.3	28.4	27.6	0.8
3:00	24.9	28.0	27.8	0.2
4:00	24.8	27.5	28.1	−0.6
5:00	24.7	27.0	28.6	−1.6
6:00	25.0	27.3	29.2	−1.9
7:00	25.6	27.7	30.0	−2.3
8:00	26.3	28.6	30.9	−2.3
9:00	27.5	30.1	31.9	−1.8
10:00	28.7	31.8	32.9	−1.1
11:00	30.0	33.7	33.7	0.0
12:00	30.8	35.0	34.3	0.7
13:00	31.7	36.3	34.5	1.8
14:00	32.1	37.1	34.3	2.8
15:00	31.8	37.3	33.8	3.5
16:00	31.4	37.0	33.1	3.9
17:00	30.7	36.3	32.2	4.1
18:00	29.7	35.3	31.2	4.1
19:00	29.0	34.2	30.3	3.9

续表

时刻	园区平均WBGT计算值/℃	园区平均气温计算值/℃	典型气象日气温/℃	热岛强度/℃
20:00	28.4	33.3	29.5	3.8
21:00	28.0	32.5	28.9	3.6
22:00	27.5	31.7	28.4	3.3
23:00	27.1	31.1	28.0	3.1
24:00	26.3	30.1	27.5	2.6
8:00—18:00平均热岛强度/℃				1.4

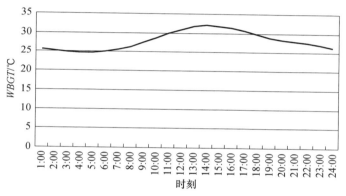

图6.7 夏季典型气象日WBGT逐时分布

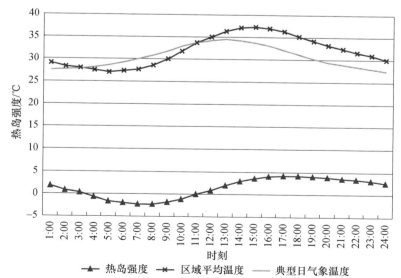

图6.8 夏季典型气象日热岛强度逐时分布

155

6.3.2　子区块评价

将小区按照街区道路以不超过500 m为依据划分子区块，如图6.9所示。本项目划分了63个子区块，分别评价各子区块的热环境。

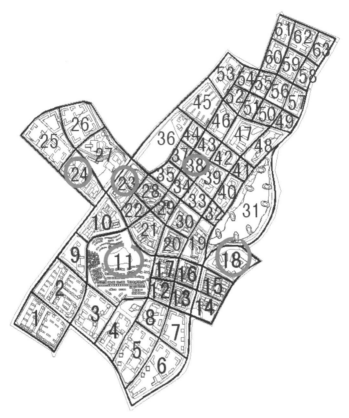

图6.9　子区块划分示意

各子区热环境模拟结果如表6.14所示，夏季典型气象日的 *WBGT* 逐时结果如图6.10所示。

表6.14　各子区块夏季 *WBGT*、热岛强度与控制目标的对比

区块	8:00—18:00 平均热岛强度/℃	是否满足热岛强度控制目标	全天逐时 *WBGT* 最大值/℃	是否满足 *WBGT* 控制目标	全天逐时 *WBGT* 出现最大值的时刻
区块1	0.7	是	31.2	是	14:00
区块2	0.8	是	31.3	是	14:00
区块3	1.1	是	31.7	是	14:00

区块	8:00—18:00 平均热岛强度/℃	是否满足热岛强度控制目标	全天逐时 $WBGT$ 最大值/℃	是否满足 $WBGT$ 控制目标	全天逐时 $WBGT$ 出现最大值的时刻
区块 4	1.1	是	31.9	是	14:00
区块 5	1.0	是	31.6	是	14:00
区块 6	0.9	是	31.7	是	14:00
区块 7	1.1	是	31.7	是	14:00
区块 8	1.0	是	31.5	是	14:00
区块 9	1.4	是	32.1	是	14:00
区块 10	1.1	是	32.0	是	14:00
区块 11	1.5	否	32.3	是	14:00
区块 12	0.7	是	31.4	是	14:00
区块 13	0.7	是	31.4	是	14:00
区块 14	1.1	是	31.8	是	14:00
区块 15	0.8	是	31.4	是	14:00
区块 16	0.6	是	31.4	是	14:00
区块 17	0.9	是	31.6	是	14:00
区块 18	1.6	否	32.4	是	14:00
区块 19	1.2	是	32.1	是	14:00
区块 20	1.1	是	32.1	是	14:00
区块 21	1.4	是	32.2	是	14:00
区块 22	1.3	是	32.1	是	14:00
区块 23	1.7	否	32.6	是	14:00
区块 24	1.6	否	32.7	是	14:00
区块 25	0.6	是	31.3	是	14:00
区块 26	1.1	是	31.5	是	14:00
区块 27	0.6	是	32.4	是	14:00
区块 28	0.9	是	32.1	是	14:00
区块 29	0.8	是	31.8	是	14:00
区块 30	0.9	是	31.9	是	14:00
区块 31	0.9	是	31.9	是	14:00

区块	8:00—18:00 平均热岛强度/℃	是否满足热岛强度控制目标	全天逐时 *WBGT* 最大值/℃	是否满足 *WBGT* 控制目标	全天逐时 *WBGT* 出现最大值的时刻
区块 32	0.9	是	31.7	是	14:00
区块 33	1.0	是	31.8	是	14:00
区块 34	1.0	是	31.7	是	14:00
区块 35	1.2	是	31.9	是	14:00
区块 36	0.7	是	32.1	是	14:00
区块 37	1.4	是	32.4	是	14:00
区块 38	1.7	否	32.8	是	14:00
区块 39	1.5	是	32.5	是	14:00
区块 40	1.1	是	32.2	是	14:00
区块 41	1.0	是	31.8	是	14:00
区块 42	1.0	是	31.7	是	14:00
区块 43	1.1	是	31.9	是	14:00
区块 44	1.3	是	32.0	是	14:00
区块 45	0.9	是	31.5	是	14:00
区块 46	1.1	是	32.0	是	14:00
区块 47	1.4	是	32.3	是	14:00
区块 48	0.9	是	31.9	是	14:00
区块 49	1.0	是	31.7	是	14:00
区块 50	1.2	是	31.6	是	14:00
区块 51	0.7	是	31.3	是	14:00
区块 52	0.7	是	31.1	是	14:00
区块 53	1.4	是	32.0	是	14:00
区块 54	1.0	是	31.6	是	14:00
区块 55	0.8	是	31.5	是	14:00
区块 56	1.1	是	31.7	是	14:00
区块 57	1.0	是	31.6	是	14:00
区块 58	0.7	是	31.4	是	14:00
区块 59	1.0	是	31.4	是	14:00

续表

区块	8:00—18:00 平均热岛强度/℃	是否满足热岛强度控制目标	全天逐时 WBGT 最大值/℃	是否满足 WBGT 控制目标	全天逐时 WBGT 出现最大值的时刻
区块60	1.0	是	31.7	是	14:00
区块61	1.0	是	31.7	是	14:00
区块62	1.0	是	31.4	是	14:00
区块63	0.8	是	31.5	是	14:00

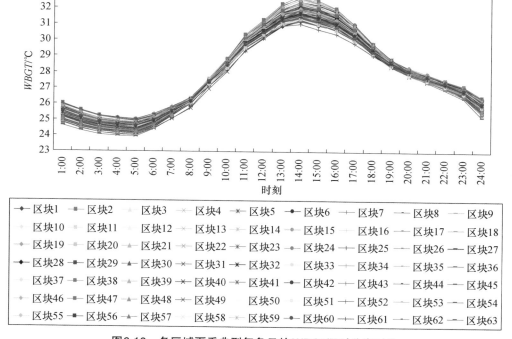

图6.10 各区域夏季典型气象日的 WBGT 逐时分布对比

63个子区块在夏季典型气象日24小时内的逐时平均 WBGT 值均低于33 ℃，满足热安全要求。区块11、18、23、24、38等5处子区块在评价时段内的平均热岛强度偏高，不满足小于1.5 ℃要求，需要对其热环境进行优化设计。

6.3.3 热环境优化设计

对不满足热岛强度控制目标的子区块11、18、23、24、38进行优化设计，这5个子区块在整个用地范围内的平面位置详见图6.9中用红色虚线圈住的地块。5个子区块现有方案的热环境指标如表6.15所示。

表6.15　子区块现有方案的热环境指标

区块	建筑密度	绿地率	硬地面积比	硬地渗透面积比	绿化遮阳覆盖率	构筑物遮阳覆盖率
区块11	17.7%	12.8%	69.5%	0	0	0
区块18	18.8%	7.3%	73.9%	0	0	0
区块23	22.3%	20.9%	56.8%	0	0	0
区块24	23.1%	37.1%	39.8%	0	0	0
区块38	17.9%	27.6%	54.5%	0	0	0

　　小区热环境优化设计的技术路线（按优先次序）依次为：①提高绿地率；②提高遮阳覆盖率；③提高硬地渗透面积比；④提高架空率；⑤降低建筑密度。对于本项目，提高架空率和降低建筑密度涉及调整建筑设计方案，影响较大，因此从景观层面设计以下6个优化方案。

　　方案1：提高绿地率，区块24的绿地率从37.1%调整到50%，其余地块的绿地率调整到35%。

　　方案2：提高遮阳覆盖率，种植树冠稀疏类乔木，绿化遮阳覆盖率达10%。

　　方案3：提高遮阳覆盖率，种植树冠茂密类乔木，绿化遮阳覆盖率达10%。

　　方案4：提高遮阳覆盖率，设置非透明类构筑物遮阳，构筑物遮阳覆盖率达20%。

　　方案5：提高遮阳覆盖率，设置透明类构筑物遮阳，构筑物遮阳覆盖率达20%。

　　方案6：提高地面渗透面积比，硬地渗透面积比达60%。

　　优化设计结果如表6.16～表6.20所示。

表6.16　区块11优化前后的夏季WBGT和热岛强度统计计算结果对比

设计方案	区块规划设计指标	8:00—18:00平均热岛强度/℃	是否满足热岛强度控制目标	全天逐时WBGT最大值/℃	是否满足WBGT控制目标
原始方案		1.5	否	32.3	是
方案1	绿地率35%	1.2	是	32.2	是
方案2	种植树冠稀疏类乔木，绿化遮阳覆盖率达10%	1.4	是	32.2	是

续表

设计方案	区块规划设计指标	8:00—18:00 平均热岛强度/℃	是否满足热岛强度控制目标	全天逐时 WBGT 最大值/℃	是否满足 WBGT 控制目标
方案3	种植树冠茂密类乔木，绿化遮阳覆盖率达10%	1.2	是	32.0	是
方案4	设置非透明类构筑物遮阳，构筑物遮阳覆盖率达20%	1.3	是	32.1	是
方案5	设置透明类构筑物遮阳，构筑物遮阳覆盖率达20%	1.5	是	32.3	是
方案6	硬地渗透面积比达60%	1.4	是	32.3	是

对于区块11，6个优化方案均有效地改进了其在8:00—18:00间的平均热岛强度，使其降低到1.5℃及以下。其中方案3和方案1改善室外热环境的效果最好；方案5改善室外热环境的效果最弱。对区块11来说，按照对热环境的改善效果显著程度依次为方案3=方案1＞方案4＞方案2=方案6＞方案5。

表6.17 区块18优化前后的夏季 *WBGT* 和热岛强度统计计算结果对比

设计方案	区块规划设计指标	8:00—18:00 平均热岛强度/℃	是否满足热岛强度控制目标	全天逐时 WBGT 最大值/℃	是否满足 WBGT 控制目标
原始方案		1.6	否	32.4	是
方案1	绿地率35%	1.2	是	32.2	是
方案2	种植树冠稀疏类乔木，绿化遮阳覆盖率达10%	1.4	是	32.2	是
方案3	种植树冠茂密类乔木，绿化遮阳覆盖率达10%	1.3	是	32.0	是
方案4	设置非透明类构筑物遮阳，构筑物遮阳覆盖率达20%	1.3	是	32.1	是
方案5	设置透明类构筑物遮阳，构筑物遮阳覆盖率达20%	1.5	否	32.3	是
方案6	渗透硬地面积比达60%	1.4	是	32.3	是

对于区块18，方案5降低了在8:00—18:00间的平均热岛强度，但仍然达到了1.5℃；其他5个优化方案均有效地改进了区块18在8:00—18:00间的平均热岛强度，使其降低到1.5℃以下。其中方案1改善室外热环境的效果最好；方案6和方案2改善室外热环境的效果最弱。对区块18来说，按照对热环境的改善效果显著程度依次为方案1>方案3=方案4>方案2=方案6>方案5。

表6.18　区块23优化前后的夏季WBGT和热岛强度统计计算结果对比

设计方案	区块规划设计指标	8:00—18:00平均热岛强度/℃	是否满足热岛强度控制目标	全天逐时WBGT最大值/℃	是否满足WBGT控制目标
原始方案		1.7	否	32.6	是
方案1	绿地率35%	1.5	否	32.6	是
方案2	种植树冠稀疏类乔木，绿化遮阳覆盖率达10%	1.5	是	32.4	是
方案3	种植树冠茂密类乔木，绿化遮阳覆盖率达10%	1.4	是	32.2	是
方案4	设置非透明类构筑物遮阳，构筑物遮阳覆盖率达20%	1.4	是	32.3	是
方案5	设置透明类构筑物遮阳，构筑物遮阳覆盖率达20%	1.6	否	32.6	是
方案6	渗透硬地面积比达60%	1.6	否	32.6	是

对于区块23，方案5和方案6虽降低了区块在8:00—18:00间的平均热岛强度，但平均热岛强度仍然高于1.5℃。其他4个优化方案均有效地改进了区块23在8:00—18:00间的平均热岛强度，使其降低到1.5℃及以下，其中方案3和方案4改善室外热环境的效果最好，方案2和方案1改善室外热环境的效果最弱。对区块23来说，按照对热环境的改善效果显著程度依次为方案3=方案4>方案2=方案1>方案6=方案5。

表6.19 区块24优化前后的夏季WBGT和热岛强度统计计算结果对比

设计方案	区块规划设计指标	8:00—18:00平均热岛强度/℃	是否满足热岛强度控制目标	全天逐时WBGT最大值/℃	是否满足WBGT控制目标
原始方案		1.6	否	32.7	是
方案1	绿地率50%	1.6	否	32.7	是
方案2	种植树冠稀疏类乔木,绿化遮阳覆盖率达10%	1.4	是	32.5	是
方案3	种植树冠茂密类乔木,绿化遮阳覆盖率达10%	1.2	是	32.3	是
方案4	设置非透明类构筑物遮阳,构筑物遮阳覆盖率达20%	1.3	是	32.4	是
方案5	设置透明类构筑物遮阳,构筑物遮阳覆盖率达20%	1.5	是	32.6	是
方案6	渗透硬地面积比达60%	1.5	是	32.6	是

对于区块24,方案1虽降低了区块在8:00—18:00间的平均热岛强度,但仍然高于1.5℃。其他5个优化方案均有效地改进了区块24在8:00—18:00间的平均热岛强度,使其降低到1.5℃及以下,其中方案3改善室外热环境的效果最好,方案5和方案6改善室外热环境的效果最弱。对区块24来说,按照对热环境的改善效果显著程度依次为方案3>方案4>方案2>方案6=方案5>方案1。

表6.20 区块38优化前后的夏季WBGT和热岛强度统计计算结果对比

设计方案	区块规划设计指标	8:00—18:00平均热岛强度/℃	是否满足热岛强度控制目标	全天逐时WBGT最大值/℃	是否满足WBGT控制目标
原始方案		1.7	否	32.8	是
方案1	绿地率35%	1.6	否	32.7	是
方案2	种植树冠稀疏类乔木,绿化遮阳覆盖率达10%	1.5	是	32.5	是
方案3	种植树冠茂密类乔木,绿化遮阳覆盖率达10%	1.3	是	32.4	是
方案4	设置非透明类构筑物遮阳,构筑物遮阳覆盖率达20%	1.4	是	32.5	是

设计方案	区块规划设计指标	8:00—18:00 平均热岛强度/℃	是否满足热岛强度控制目标	全天逐时 WBGT 最大值/℃	是否满足 WBGT 控制目标
方案5	设置透明类构筑物遮阳，构筑物遮阳覆盖率达20%	1.6	否	32.7	是
方案6	渗透硬地面积比达60%	1.6	否	32.7	是

对于区块38，方案1、方案5和方案6虽降低了区块在8:00—18:00间的平均热岛强度，但仍然高于1.5℃。其他3个优化方案均有效地改进了区块38在8:00—18:00间的平均热岛强度，使其降低到1.5℃及以下，其中方案3改善室外热环境的效果最好，方案2改善室外热环境的效果最弱。对区块38来说，按照对热环境的改善效果显著程度依次为方案3>方案4>方案2>方案6=方案1=方案5。

5个子区块优化方案汇总见表6.21。

表6.21　子区块优化方案汇总

区块	建筑密度	绿地率	硬地面积比	优化方案改善显著程度
区块11	17.7%	12.8%	69.5%	方案3=方案1>方案4>方案2>方案6>方案5
区块18	18.8%	7.3%	73.9%	方案1>方案3=方案4>方案2=方案6>方案5
区块23	22.3%	20.9%	56.8%	方案3=方案4>方案2>方案1>方案6>方案5
区块24	23.1%	37.1%	39.8%	方案3>方案4>方案2>方案6>方案5>方案1
区块38	17.9%	27.6%	54.5%	方案3>方案4>方案2>方案6>方案1=方案5

综合6个优化方案对5个子区块的优化结果，结论如下。

（1）提高绿地率对室外热环境的改善效果与原绿地率相关，原绿地率低，则提高绿地率对室外热环境改善效果显著；原绿地率高，提高绿地率对室外热环境改善效果不显著。当绿地率在13%以下时，提高绿地率对室外热环境改善效果显著。当绿地率在20%以上时，提高绿地率对室外热环境改善效果不显著。对于区块24，原绿地率为37.1%，即使绿地率提高到50%，其对热环境的改善效果仍为所有优化方案中最不显著的。

（2）遮阳方式对热环境的改善效果显著，但其改善程度因遮阳形式不同而不同，按显著程度依次为：树冠茂密类乔木遮阳（方案3）>非透明类构筑物遮阳（方案4）>树冠稀疏类乔木遮阳（方案2）>透明类构筑物遮阳（方案5）。

（3）增大渗透硬地面积比对室外热环境的改善效果与硬地面积比相关。硬地面积比小，改善效果显著；硬地面积比大，改善效果不显著。当硬地面积比为39％以上时，增大渗透硬地面积比对室外热环境改善不显著。

（4）对于区块11、18和23，为有效改善热环境，可提高绿化面积，采用35％以上的绿地率，或采用树冠茂密类乔木遮阳，绿化遮阳覆盖率达10％以上；或采用非透明类构筑物遮阳，构筑物遮阳覆盖率达20％以上。

（5）对于区块24和38，为有效改善热环境，可采用树冠茂密类乔木遮阳，绿化遮阳覆盖率达10％以上；或采用非透明类构筑物遮阳，构筑物遮阳覆盖率达20％以上。

参考文献

[1] 秦大河,张建云,闪淳昌,等.中国极端天气气候事件和灾害风险管理与适应国家评估报告[M].
北京:科学出版社,2015.

[2] 城市居住区热环境设计标准:JGJ 286－2013[S].北京:中国建筑工业出版社,2013.

[3] 李琼.湿热地区规划设计因子对组团微气候的影响研究[D].广州:华南理工大学,2009.

[4] 田喆,朱能,刘俊杰.城市气温与其人为影响因素的关系[J].天津大学学报(自然科学与工程技术
版),2005,38(9):830－833.

[5] 郑智娟.广州地区围合式住宅组团室外风环境研究[D].广州:华南理工大学,2008.

[6] 陶文铨.数值传热学[M].西安:西安交通大学出版社,2001:721.

[7] 张磊.湿热地区城市热环境评价方法研究[D].广州:华南理工大学,2007.

[8] 民用建筑绿色性能计算标准:JGJ/T 449－2018[S].北京:中国建筑工业出版社,2018.

[9] 城市居住区规划设计标准:GB 50180－2018[S].北京:中国建筑工业出版社,2018.

[10] 绿色建筑评价标准:GB/T 50378－2006[S].北京:中国建筑工业出版社,2006.

[11] 绿色建筑评价标准:GB/T 50378－2014[S].北京:中国建筑工业出版社,2014.

[12] 绿色建筑评价标准:GB/T 50378－2019[S].北京:中国建筑工业出版社,2019.

[13] SWAID H, HOFFMAN M E.Prediction of urban air temperature variations using the analytical
CTTC model[J]. Energy and Buildings, 1990, 14(4):313－324.

[14] ELNAHAS M M, WILLIAMSON T J. An improvement of the CTTC model for predicting
urban air temperatures [J].Energy and Buildings,1997, 25(1):41－49.

[15] SHASHUA-BAR L,HOFFMAN M E. The Green CTTC model for predicting the air temperature
in small urban wooded sites [J]. Building and Environment,2002,37(12):1279－1288.

[16] 李莹.建筑群及单栋建筑周围空气温度的理论和实验研究[D].北京:清华大学,2000.

[17] 陈志,胡汪洋,俞炳丰,等.城市冠层内流场和热力结构的数值模拟[J].安全与环境学报,2004
(4):63－66.

[18] 舒力帆.基于热时间常数的室外热环境评价方法研究[D].广州:华南理工大学,2009.

[19] 林波荣,李莹,赵彬,等.居住区室外热环境的预测、评价与城市环境建设[J].城市环境与城市生
态,2002,15(1):41－43.

[20] 陈玖玖,赵彬,李先庭,等.建筑布局对小区热环境影响的数值分析[J].暖通空调,2004,34(8):
13－16.

[21] 王菲,肖勇全.太阳辐射引起建筑群温升的探讨[J].暖通空调,2005,35(4):9－12.

[22] 孙越霞,卢建津,董文志,等.基于CTTC和STTC模型的城市热岛分析[J].煤气与热力,2005,
25(5):11－17.

[23]建筑气候区划标准:GB 50178－1993[S].北京:中国建筑工业出版社,1993.

[24]民用建筑热工设计规范:GB 50176－2016[S].北京:中国建筑工业出版社,2016.

[25]民用建筑设计统一标准:GB 50352－2019[S].北京:中国建筑工业出版社,2019.

[26]宋德萱.建筑环境控制学[M].南京:东南大学出版社,2003.

[27]何嘉文.改善广州住区风环境的建筑布局优化研究[D].广州:华南理工大学,2008.

[28]MORAN D S, PANDOLF K B, SHAPIRO Y, et al. An environment stress index(ESI)as a substitute for the wet bulb globe temperature(WBGT)[J]. Journal of Thermal Biology,2001,26:427－431.

[29]董靓.街谷夏季热环境研究[D].重庆:重庆建筑大学,1991.

[30]林波荣.绿化对室外热环境影响的研究[D].北京:清华大学,2004.

[31]张磊,孟庆林,赵立华,等.湿热地区城市热环境评价指标的简化计算方法[J].华南理工大学学报(自然科学版),2008,36(11):96－100.

[32]刘之欣.基于循证设计的湿热地区树木小气候效应评价研究[D].广州:华南理工大学,2020.

[33]BLOCK A H, LIVESLEY S J, WILLIAMS N S.Responding to the urban heat island:a review of the potential of green infrastructure[J].Victorian Centre for Climate Change Adaptation Research Melbourne,2012.

[34]刘加平,等.城市环境物理[M].北京:中国建筑工业出版社,2010.

[35]陈佳明.基于集总参数法的居住区热环境计算程序开发[D].广州:华南理工大学,2010.

[36]陆莎.基于集总参数法的室外热环境设计方法研究[D].广州:华南理工大学,2012.

[37]杨小山.广州地区微尺度室外热环境测试研究[D].广州:华南理工大学,2009.

[38]热环境根据WBGT指数(湿球黑球温度)对作业人员热负荷的评价:GB/T 17244－1998 eqv ISO7243:1989[S].北京:国家技术监督局,1998.

[39]张玉.建筑多孔材料气候蒸发量的风洞实验方法研究[D].广州:华南理工大学,2007.

附录A 夏季典型气象日气象参数

附表A.1 主要城市夏季典型气象日气象参数

城市	哈尔滨						长 春					
北京时	干球温度/℃	相对湿度/（%）	水平总辐射照度/（W/m²）	水平散射辐射照度/（W/m²）	风速/（m/s）	主导风向	干球温度/℃	相对湿度/（%）	水平总辐射照度/（W/m²）	水平散射辐射照度/（W/m²）	风速/（m/s）	主导风向
0	19.8	88	0.00	0.00	2.3		20.8	86	0.00	0.00	2.2	
1	19.4	88	0.00	0.00	2.3		20.4	87	0.00	0.00	2.3	
2	19.0	90	0.00	0.00	2.2		20.0	89	0.00	0.00	2.3	
3	18.5	91	0.00	0.00	2.3		19.6	90	0.00	0.00	2.4	
4	18.3	91	0.00	0.00	2.3		19.4	91	0.00	0.00	2.4	
5	18.5	90	147.84	97.68	2.2		19.5	90	18.00	16.00	2.4	
6	19.4	88	251.68	157.52	2.7		20.1	88	106.00	81.00	2.7	
7	20.7	83	355.52	213.84	3.1		21.0	85	201.00	145.00	3.0	
8	22.0	79	466.40	249.04	3.5		22.0	81	295.00	207.00	3.2	
9	23.3	74	554.40	268.40	3.6		23.1	77	399.00	261.00	3.4	
10	24.2	70	616.00	277.20	3.7		23.9	74	480.00	296.00	3.5	西南偏南
11	24.7	67	640.64	268.40	3.7	南	24.5	71	537.00	328.00	3.7	
12	25.2	66	616.00	253.44	3.8		25.0	69	559.00	332.00	3.7	
13	25.5	64	564.08	225.28	3.9		25.4	68	538.00	314.00	3.8	
14	25.8	63	480.48	186.56	4.0		25.6	66	501.00	289.00	3.7	
15	25.8	63	364.32	144.32	3.9		25.8	66	427.00	242.00	3.7	
16	25.6	64	241.12	95.92	3.7		25.7	66	321.00	179.00	3.5	
17	25.1	66	111.76	49.28	3.4		25.3	68	205.00	118.00	3.4	
18	24.3	70	1.76	1.76	3.1		24.5	72	86.00	54.00	3.0	
19	23.2	75	2.00	2.00	2.8		23.5	76	0.00	0.00	2.5	
20	22.2	80	0.00	0.00	2.4		22.6	81	0.00	0.00	2.0	
21	21.3	84	0.00	0.00	2.4		21.8	84	0.00	0.00	2.1	
22	20.6	86	0.00	0.00	2.4		21.4	85	0.00	0.00	2.1	
23	20.1	87	0.00	0.00	2.3		21.1	86	0.00	0.00	2.1	
日平均	22.2	77.8	225.58	103.78	3.0		22.6	79	194.71	119.25	2.9	

城市	沈阳						呼和浩特					
北京时	干球温度/℃	相对湿度/（%）	水平总辐射照度/（W/m²）	水平散射辐射照度/（W/m²）	风速/（m/s）	主导风向	干球温度/℃	相对湿度/（%）	水平总辐射照度/（W/m²）	水平散射辐射照度/（W/m²）	风速/（m/s）	主导风向
0	20.7	94	0.00	0.00	1.5		23.1	36	0.00	0.00	4.2	
1	20.6	94	0.00	0.00	1.0		22.4	38	0.00	0.00	4.0	
2	20.6	93	0.00	0.00	1.3		21.5	40	0.00	0.00	3.3	
3	20.8	91	0.00	0.00	1.7		20.5	43	0.00	0.00	2.7	
4	21.0	89	11.11	11.11	2.0		19.6	45	0.00	0.00	2.0	
5	21.4	87	91.67	91.67	2.3		18.9	47	25.00	25.00	1.3	
6	21.8	85	188.89	188.89	2.7		18.4	47	138.89	91.67	0.7	
7	22.4	82	294.44	266.67	3.0		18.4	47	277.78	166.67	0.0	
8	23.1	79	402.78	341.67	2.7		18.9	45	425.00	233.33	0.5	
9	23.8	77	494.44	394.44	2.3		19.8	42	572.22	294.44	1.0	
10	24.5	74	563.89	436.11	2.0		20.9	39	697.22	341.67	1.5	
11	25.2	72	597.22	455.56	1.7	南	22.1	35	780.56	369.44	2.0	西南偏南
12	25.8	71	588.89	450.00	1.3		23.2	32	816.67	383.33	2.5	
13	26.2	70	544.44	422.22	1.0		24.1	29	797.22	377.78	3.0	
14	26.4	70	466.67	375.00	1.0		24.6	27	725.00	352.78	3.2	
15	26.4	71	366.67	308.33	1.0		24.8	26	608.33	305.56	3.3	
16	26.3	72	258.33	230.56	1.0		24.6	26	466.67	250.00	3.5	
17	25.9	74	155.56	150.00	1.0		24.1	26	316.67	180.56	3.7	
18	25.3	76	61.11	61.11	1.0		23.4	28	175.00	108.33	3.8	
19	24.6	79	0.00	0.00	1.0		22.5	30	52.78	33.33	4.0	
20	23.7	82	0.00	0.00	1.2		21.4	33	0.00	0.00	3.3	
21	22.7	85	0.00	0.00	1.3		20.2	37	0.00	0.00	2.7	
22	21.8	88	0.00	0.00	1.5		19.0	40	0.00	0.00	2.0	
23	20.9	90	0.00	0.00	1.7		17.8	44	0.00	0.00	1.3	
日平均	23.4	81	339.10	278.90	1.6		21.4	37	458.33	234.26	2.5	

城市	北 京						天 津					
北京时	干球温度/℃	相对湿度/（%）	水平总辐射照度/（W/m²）	水平散射辐射照度/（W/m²）	风速/（m/s）	主导风向	干球温度/℃	相对湿度/（%）	水平总辐射照度/（W/m²）	水平散射辐射照度/（W/m²）	风速/（m/s）	主导风向
0	24.5	80	0.00	0.00	1.6		23.0	89	0.00	0.00	1.3	
1	24.1	81	0.00	0.00	1.5		22.8	89	0.00	0.00	1	
2	23.6	83	0.00	0.00	1.3		22.9	87	0.00	0.00	0.8	
3	23.2	85	0.00	0.00	1.4		23.2	85	0.00	0.00	0.7	
4	22.8	86	0.00	0.00	1.3		23.8	81	0.00	0.00	0.5	
5	22.6	86	0.00	0.00	1.3		24.4	77	41.67	41.67	0.3	
6	22.9	85	31.86	28.32	1.5		25.2	73	141.67	108.33	0.2	
7	23.5	82	123.90	97.94	1.6		26.0	69	258.33	177.78	0	
8	24.4	78	230.10	178.18	1.7		26.8	66	380.56	238.89	0.3	
9	25.4	74	359.90	260.78	1.9		27.6	63	497.22	291.67	0.7	
10	26.4	70	472.00	322.14	2.0		28.3	61	588.89	330.56	1	
11	27.3	67	553.42	378.78	2.1	南	28.8	59	647.22	352.78	1.3	东南
12	28.2	63	607.70	403.56	2.3		29.3	59	661.11	358.33	1.7	
13	28.9	61	607.70	400.02	2.6		29.5	59	627.78	347.22	2	
14	29.4	59	569.94	384.68	2.8		29.5	60	552.78	313.89	1.7	
15	29.7	58	495.60	330.40	2.8		29.3	62	450.00	269.44	1.3	
16	29.6	58	382.32	256.06	2.9		29.0	64	327.78	208.33	1	
17	29.3	60	253.70	177.00	2.9		28.5	67	205.56	138.89	0.7	
18	28.8	62	129.80	94.40	2.7		27.9	70	94.44	69.44	0.3	
19	28.0	65	18.88	16.52	2.4		27.2	73	2.78	2.78	0	
20	27.2	69	0.00	0.00	2.1		26.5	76	0.00	0.00	0.5	
21	26.3	73	0.00	0.00	2.0		25.7	79	0.00	0.00	1	
22	25.6	76	0.00	0.00	1.8		25.0	81	0.00	0.00	1.5	
23	25.0	78	0.00	0.00	1.7		24.4	82	0.00	0.00	2	
日平均	26.1	72.5	201.53	138.70	2.0		26.4	72	365.19	216.67	0.9	

续表

城市	济　南						石家庄					
北京时	干球温度/℃	相对湿度/（%）	水平总辐射照度/（W/m²）	水平散射辐射照度/（W/m²）	风速/（m/s）	主导风向	干球温度/℃	相对湿度/（%）	水平总辐射照度/（W/m²）	水平散射辐射照度/（W/m²）	风速/（m/s）	主导风向
0	26.0	76	0.00	0.00	2.4		24.4	98	0.00	0.00	0.3	
1	25.7	76	0.00	0.00	2.4		24.5	97	0.00	0.00	0.0	
2	25.4	78	0.00	0.00	2.3		24.4	97	0.00	0.00	0.0	
3	24.9	79	0.00	0.00	2.3		24.2	96	0.00	0.00	0.0	
4	24.6	81	0.00	0.00	2.2		24.1	96	0.00	0.00	0.0	
5	24.4	81	0.00	0.00	2.1		24.0	95	19.44	19.44	0.0	
6	24.6	81	38.00	32.00	2.3		24.2	93	130.56	83.33	0.0	
7	25.2	79	135.00	103.00	2.4		24.7	89	263.89	150.00	0.0	
8	25.9	76	242.00	181.00	2.5		25.6	83	405.56	211.11	0.3	
9	26.9	72	368.00	256.00	2.6		26.9	77	538.89	261.11	0.7	
10	27.9	68	466.00	306.00	2.8	西南偏南	28.2	69	650.00	300.00	1.0	西南偏南
11	28.7	65	530.00	350.00	2.9		29.5	63	719.44	322.22	1.3	
12	29.5	62	569.00	367.00	3.1		30.5	58	738.89	330.56	1.7	
13	30.0	60	550.00	361.00	3.2		31.2	55	702.78	319.44	2.0	
14	30.3	59	502.00	341.00	3.3		31.3	55	619.44	291.67	1.8	
15	30.5	59	432.00	292.00	3.2		31.0	58	500.00	247.22	1.7	
16	30.3	59	331.00	221.00	3.2		30.4	62	361.11	191.67	1.5	
17	30.0	61	219.00	152.00	3.1		29.6	67	219.44	125.00	1.3	
18	29.4	63	110.00	80.00	2.9		28.7	72	91.67	55.56	1.2	
19	28.7	65	11.00	10.00	2.7		27.9	77	0.00	0.00	1.0	
20	27.9	68	0.00	0.00	2.4		27.3	81	0.00	0.00	1.2	
21	27.3	71	0.00	0.00	2.4		26.8	83	0.00	0.00	1.3	
22	26.7	73	0.00	0.00	2.4		26.4	85	0.00	0.00	1.5	
23	26.4	75	0.00	0.00	2.4		26.1	85	0.00	0.00	1.7	
日平均	27.4	70.3	187.63	127.17	2.6		27.2	79	425.79	207.74	0.9	

171

城市	郑 州						太 原					
北京时	干球温度/℃	相对湿度/（%）	水平总辐射照度/（W/m²）	水平散射辐射照度/（W/m²）	风速/（m/s）	主导风向	干球温度/℃	相对湿度/（%）	水平总辐射照度/（W/m²）	水平散射辐射照度/（W/m²）	风速/（m/s）	主导风向
0	24.8	84	0.00	0.00	1.7		21.6	94	0.00	0.00	0.0	
1	24.5	85	0.00	0.00	1.7		21.2	94	0.00	0.00	0.0	
2	24.1	86	0.00	0.00	1.6		21.0	93	0.00	0.00	1.0	
3	23.7	88	0.00	0.00	1.6		21.0	92	0.00	0.00	1.0	
4	23.3	89	0.00	0.00	1.5		21.1	91	0.00	0.00	2.0	
5	23.2	89	0.00	0.00	1.4		21.5	88	0.00	0.00	2.0	
6	23.5	89	11.66	10.60	1.5		22.0	85	94.44	55.56	3.0	
7	24.2	87	110.24	84.80	1.6		22.8	82	211.11	108.33	3.0	
8	25.1	83	228.96	169.60	1.7		23.8	78	338.89	158.33	3.0	
9	26.4	78	368.88	249.10	2.0		24.9	74	463.89	202.78	3.0	
10	27.5	73	484.42	307.40	2.3		26.0	71	572.22	238.89	3.0	西北偏北
11	28.5	69	567.10	363.58	2.6	南	27.0	68	647.22	261.11	2.0	
12	29.3	66	616.92	384.78	2.8		27.8	65	675.00	269.44	2.0	
13	29.8	64	611.62	382.66	2.9		28.3	64	655.56	263.89	2.0	
14	30.2	63	575.58	368.88	2.9		28.4	64	591.67	247.22	2.0	
15	30.5	62	509.86	325.42	3.0		28.1	65	488.89	213.89	2.0	
16	30.4	62	401.74	252.28	3.0		27.6	68	366.67	172.22	2.0	
17	30.1	73	276.66	180.20	3.0		26.9	70	238.89	122.22	2.0	
18	29.3	66	143.10	98.58	2.8		26.1	73	116.67	63.89	2.0	
19	28.4	70	20.14	16.96	2.5		25.3	76	16.67	11.11	2.0	
20	27.3	75	0.00	0.00	2.2		24.6	79	0.00	0.00	2.0	
21	26.4	79	0.00	0.00	2.1		24.0	81	0.00	0.00	1.0	
22	25.6	82	0.00	0.00	1.9		23.4	83	0.00	0.00	1.0	
23	25.2	83	0.00	0.00	1.7		22.9	84	0.00	0.00	1.0	
日平均	26.7	76.5	205.29	133.12	2.2		24.5	78	391.27	170.63	1.8	

续表

城市	西 安						银 川					
北京时	干球温度/℃	相对湿度(%)	水平总辐射照度/(W/m²)	水平散射辐射照度/(W/m²)	风速/(m/s)	主导风向	干球温度/℃	相对湿度(%)	水平总辐射照度/(W/m²)	水平散射辐射照度/(W/m²)	风速/(m/s)	主导风向
0	26.7	74.9	0.00	0.00	2.0		21.0	70	0.00	0.00	1.9	
1	26.3	75.2	0.00	0.00	2.0		20.4	71	0.00	0.00	2.0	
2	26.1	76.5	0.00	0.00	1.7		19.9	73	0.00	0.00	2.0	
3	25.5	75.2	0.00	0.00	1.3		19.3	75	0.00	0.00	1.9	
4	25.1	75.8	0.00	0.00	1.0		18.7	77	0.00	0.00	1.8	
5	24.7	78.5	0.00	0.00	0.7		18.4	78	0.00	0.00	1.7	
6	24.1	78.5	55.56	41.67	0.3		18.5	79	1.00	1.00	1.7	
7	23.8	75.5	177.78	105.56	0.0		19.1	77	112.00	67.00	1.8	
8	24.2	71.6	316.67	163.89	0.3		20.1	73	263.00	135.00	1.8	
9	25.1	70.1	461.11	219.44	0.7		21.6	68	434.00	190.00	2.0	
10	26.1	63.0	588.89	263.89	1.0		23.1	63	588.00	224.00	2.1	
11	26.6	58.1	683.33	294.44	1.3	东北	24.5	58	701.00	259.00	2.3	南
12	28.2	55.5	730.56	311.11	1.7		25.7	53	768.00	283.00	2.4	
13	29.4	54.8	722.22	308.33	2.0		26.7	49	769.00	300.00	2.5	
14	30.9	53.7	661.11	291.67	2.0		27.4	46	729.00	308.00	2.6	
15	31.7	54.5	552.78	255.56	2.0		27.9	44	649.00	296.00	2.6	
16	31.2	56.5	419.44	205.56	2.0		28.1	43	533.00	259.00	2.6	
17	29.6	60.0	275.00	147.22	2.0		28.1	44	395.00	207.00	2.5	
18	28.3	63.9	136.11	77.78	2.0		27.5	46	251.00	144.00	2.4	
19	27.6	66.9	22.22	13.89	2.0		26.6	51	106.00	70.00	2.1	
20	27.0	68.1	0.00	0.00	2.0		25.4	56	0.00	0.00	1.8	
21	26.6	69.0	0.00	0.00	2.0		24.0	62	0.00	0.00	1.9	
22	26.3	69.9	0.00	0.00	2.0		22.7	66	0.00	0.00	1.9	
23	26.1	70.9	0.00	0.00	2.0		21.7	68	0.00	0.00	1.8	
日平均	27.0	67.3	414.48	192.86	1.5		23.2	62	262.50	114.29	2.1	

城市	兰　州						上　海					
北京时	干球温度/℃	相对湿度/（%）	水平总辐射照度/（W/m²）	水平散射辐射照度/（W/m²）	风速/（m/s）	主导风向	干球温度/℃	相对湿度/（%）	水平总辐射照度/（W/m²）	水平散射辐射照度/（W/m²）	风速/（m/s）	主导风向
0	20.8	61	0.00	0.00	1.0		26.4	89	0.00	0.00	2.5	
1	20.1	65	0.00	0.00	0.8		26.2	90	0.00	0.00	2.4	
2	19.4	67	0.00	0.00	0.6		26.0	90	0.00	0.00	2.3	
3	18.7	70	0.00	0.00	0.6		25.7	91	0.00	0.00	2.3	
4	18.1	73	0.00	0.00	0.5		25.6	91	0.00	0.00	2.1	
5	17.7	74	0.00	0.00	0.4		25.7	91	0.00	0.00	2.1	
6	17.5	75	0.00	0.00	0.4		26.2	89	64.80	42.12	2.4	
7	17.7	74	49.00	39.00	0.5		26.9	86	208.44	114.48	2.7	
8	18.5	71	170.00	122.00	0.5		27.7	83	361.80	192.24	2.9	
9	19.7	66	334.00	200.00	0.6		28.7	79	513.00	253.80	3.2	
10	21.2	61	501.00	244.00	0.7		29.5	75	608.04	298.08	3.4	
11	22.7	56	636.00	277.00	0.7	东北	30.1	73	656.64	342.36	3.6	东南
12	24.2	50	729.00	289.00	1.0		30.6	71	649.08	354.24	3.6	
13	25.4	46	740.00	305.00	1.3		30.8	69	578.88	336.96	3.7	
14	26.3	43	677.00	340.00	1.5		30.9	69	505.44	309.96	3.7	
15	27.0	40	592.00	316.00	1.7		30.8	69	398.52	255.96	3.7	
16	27.4	39	462.00	267.00	1.8		30.5	70	265.68	173.88	3.6	
17	27.4	39	323.00	213.00	1.8		29.9	73	146.88	103.68	3.5	
18	26.9	40	189.00	137.00	1.7		29.1	76	41.04	32.40	3.3	
19	26.1	42	67.00	55.00	1.6		28.3	80	0.00	0.00	3.1	
20	25.1	45	0.00	0.00	1.5		27.5	84	0.00	0.00	2.8	
21	23.9	50	0.00	0.00	1.4		26.9	87	0.00	0.00	2.7	
22	22.7	54	0.00	0.00	1.3		26.6	88	0.00	0.00	2.6	
23	21.7	58	0.00	0.00	1.2		26.5	89	0.00	0.00	2.5	
日平均	22.3	56.7	227.88	116.83	1.0		28.0	81.3	208.26	117.09	3.0	

城市	杭 州						南 京					
北京时	干球温度/℃	相对湿度/(%)	水平总辐射照度/(W/m²)	水平散射辐射照度/(W/m²)	风速/(m/s)	主导风向	干球温度/℃	相对湿度/(%)	水平总辐射照度/(W/m²)	水平散射辐射照度/(W/m²)	风速/(m/s)	主导风向
0	26.6	88	0.00	0.00	1.0		26.0	91	0.00	0.00	2.0	
1	26.5	88	0.00	0.00	1.0		25.9	90	0.00	0.00	2.0	
2	26.5	87	0.00	0.00	1.0		25.8	89	0.00	0.00	2.0	
3	26.7	85	0.00	0.00	2.0		25.8	88	0.00	0.00	2.0	
4	26.9	83	0.00	0.00	2.0		25.9	87	0.00	0.00	2.0	
5	27.3	81	13.89	13.89	2.0		26.0	86	19.44	19.44	1.0	
6	27.9	79	108.33	102.78	3.0		26.3	84	111.11	75.00	1.0	
7	28.6	76	222.22	180.56	3.0		26.7	82	222.22	130.56	1.0	
8	29.5	73	341.67	250.00	3.0		27.3	80	338.89	180.56	1.0	
9	30.4	71	455.56	308.33	3.0		27.9	77	450.00	225.00	2.0	
10	31.2	69	541.67	347.22	3.0	西南偏南	28.5	75	536.11	255.56	2.0	东南偏南
11	31.9	68	594.44	372.22	3.0		29.1	74	586.11	272.22	2.0	
12	32.3	67	597.22	372.22	3.0		29.5	72	594.44	275.00	3.0	
13	32.3	68	555.56	352.78	3.0		29.6	72	558.33	261.11	3.0	
14	31.8	70	475.00	313.89	3.0		29.4	73	483.33	236.11	3.0	
15	30.9	72	366.67	255.56	3.0		28.9	74	380.56	197.22	3.0	
16	29.8	76	247.22	183.33	3.0		28.3	76	266.67	150.00	3.0	
17	28.7	79	130.56	105.56	2.0		27.5	78	150.00	91.67	3.0	
18	27.5	82	30.56	25.00	2.0		26.7	81	50.00	33.33	3.0	
19	26.6	85	0.00	0.00	2.0		25.9	84	0.00	0.00	3.0	
20	26.0	87	0.00	0.00	2.0		25.2	87	0.00	0.00	3.0	
21	25.6	88	0.00	0.00	2.0		24.6	89	0.00	0.00	2.0	
22	25.5	89	0.00	0.00	2.0		24.2	91	0.00	0.00	2.0	
23	25.5	89	0.00	0.00	2.0		23.8	93	0.00	0.00	2.0	
日平均	28.4	79	334.30	227.38	2.3		26.9	82	339.09	171.63	2.2	

续表

城市	合　肥						南　昌					
北京时	干球温度/℃	相对湿度(%)	水平总辐射照度/(W/m²)	水平散射辐射照度/(W/m²)	风速/(m/s)	主导风向	干球温度/℃	相对湿度(%)	水平总辐射照度/(W/m²)	水平散射辐射照度/(W/m²)	风速/(m/s)	主导风向
0	26.6	90	0.00	0.00	3.0		27.9	83	0.00	0.00	1.5	
1	26.2	91	0.00	0.00	3.0		27.5	84	0.00	0.00	1.4	
2	25.9	92	0.00	0.00	3.0		27.1	86	0.00	0.00	1.3	
3	25.7	91	0.00	0.00	3.0		26.7	88	0.00	0.00	1.4	
4	25.6	90	0.00	0.00	3.0		26.4	89	0.00	0.00	1.4	
5	25.7	89	0.00	0.00	3.0		26.3	89	0.00	0.00	1.4	
6	26.0	86	100.00	66.67	3.0		26.6	88	12.00	11.00	1.6	
7	26.6	83	222.22	127.78	3.0		27.2	85	122.00	84.00	1.8	
8	27.4	79	352.78	183.33	3.0		27.9	81	254.00	167.00	2.0	
9	28.3	75	477.78	230.56	3.0		28.9	77	413.00	235.00	2.4	
10	29.2	71	580.56	266.67	4.0		29.9	72	554.00	269.00	2.8	
11	30.1	68	644.44	286.11	4.0	南	30.8	69	656.00	301.00	3.2	西南
12	30.8	65	658.33	291.67	4.0		31.5	66	711.00	307.00	3.3	
13	31.1	64	622.22	280.56	4.0		32.1	64	697.00	302.00	3.3	
14	31.0	64	541.67	252.78	4.0		32.4	62	643.00	295.00	3.4	
15	30.7	66	427.78	211.11	4.0		32.6	61	544.00	257.00	3.2	
16	30.1	68	300.00	161.11	4.0		32.5	62	399.00	194.00	2.9	
17	29.4	72	169.44	100.00	3.0		32.1	64	248.00	136.00	2.6	
18	28.7	75	55.56	36.11	3.0		31.2	67	101.00	64.00	2.4	
19	28.1	78	0.00	0.00	3.0		30.3	72	0.00	0.00	2.0	
20	27.7	81	0.00	0.00	3.0		29.4	76	0.00	0.00	1.6	
21	27.5	83	0.00	0.00	4.0		28.7	79	0.00	0.00	1.6	
22	27.4	85	0.00	0.00	4.0		28.4	81	0.00	0.00	1.6	
23	27.4	86	0.00	0.00	4.0		28.1	82	0.00	0.00	1.5	
日平均	28.1	79	396.37	191.88	3.4		29.3	76	223.08	109.25	2.2	

城市	武 汉						长 沙					
北京时	干球温度/℃	相对湿度/(%)	水平总辐射照度/(W/m²)	水平散射辐射照度/(W/m²)	风速/(m/s)	主导风向	干球温度/℃	相对湿度/(%)	水平总辐射照度/(W/m²)	水平散射辐射照度/(W/m²)	风速/(m/s)	主导风向
0	27.0	86	0.00	0.00	1.5		27.3	84	0.00	0.00	1.8	
1	26.7	87	0.00	0.00	1.4		26.9	85	0.00	0.00	1.8	
2	26.5	88	0.00	0.00	1.4		26.7	86	0.00	0.00	1.7	
3	26.1	89	0.00	0.00	1.4		26.3	87	0.00	0.00	1.7	
4	25.9	89	0.00	0.00	1.4		26.1	87	0.00	0.00	1.7	
5	25.9	89	0.00	0.00	1.4		26.0	87	0.00	0.00	1.7	
6	26.2	88	6.43	5.35	1.7		26.2	87	0.00	0.00	1.8	
7	26.6	86	103.79	72.76	2.0		26.6	85	92.00	65.00	2.0	
8	27.3	83	228.98	155.15	2.2		27.3	82	214.00	145.00	2.1	
9	28.2	79	372.36	228.98	2.5		28.4	78	366.00	220.00	2.5	
10	29.0	75	499.69	276.06	2.8		29.5	73	504.00	266.00	2.8	
11	29.7	72	590.64	325.28	3.1	东南	30.4	69	612.00	307.00	3.1	南
12	30.2	71	640.93	341.33	3.2		31.2	66	674.00	317.00	3.3	
13	30.6	69	618.46	332.77	3.4		31.7	65	662.00	320.00	3.4	
14	30.9	68	562.82	328.49	3.5		32.0	63	604.00	318.00	3.6	
15	31.2	67	496.48	280.34	3.3		32.2	63	522.00	279.00	3.4	
16	31.2	67	383.06	212.93	3.1		32.2	63	401.00	213.00	3.3	
17	30.9	68	249.31	153.01	2.9		31.8	64	268.00	149.00	3.1	
18	30.2	71	112.35	75.97	2.5		31.1	67	126.00	78.00	2.8	
19	29.3	76	4.28	4.28	2.0		30.2	71	5.00	5.00	2.4	
20	28.5	80	0.00	0.00	1.5		29.3	76	0.00	0.00	2.0	
21	27.8	83	0.00	0.00	1.5		28.5	79	0.00	0.00	2.0	
22	27.4	85	0.00	0.00	1.5		27.9	81	0.00	0.00	1.9	
23	27.3	85	0.00	0.00	1.4		27.6	83	0.00	0.00	1.8	
日平均	28.4	79.2	202.90	116.36	2.2		28.9	76.3	210.42	111.75	2.4	

续表

城市	重 庆						成 都					
北京时	干球温度/℃	相对湿度/（%）	水平总辐射照度/（W/m²）	水平散射辐射照度/（W/m²）	风速/（m/s）	主导风向	干球温度/℃	相对湿度/（%）	水平总辐射照度/（W/m²）	水平散射辐射照度/（W/m²）	风速/（m/s）	主导风向
0	25.7	87	0.00	0.00	1.2		24.3	91	0.00	0.00	0.9	
1	25.6	87	0.00	0.00	1.0		23.5	93	0.00	0.00	1.0	
2	25.4	87	0.00	0.00	0.8		23.3	93	0.00	0.00	1.0	
3	25.1	88	0.00	0.00	0.7		22.9	94	0.00	0.00	0.9	
4	24.9	88	0.00	0.00	0.5		22.7	94	0.00	0.00	0.9	
5	24.8	88	0.00	0.00	0.3		22.5	95	0.00	0.00	0.9	
6	25.0	87	36.11	36.11	0.2		22.4	95	0.00	0.00	0.9	
7	25.5	85	136.11	125.00	0.0		22.5	95	7.77	7.77	0.9	
8	26.4	82	250.00	200.00	0.3		22.9	93	74.37	66.60	0.9	
9	27.6	79	366.67	266.67	0.7		23.8	89	200.91	164.28	1.1	
10	28.9	75	475.00	325.00	1.0		24.8	85	348.54	241.98	1.3	西北偏北
11	30.1	72	555.56	363.89	1.3	西北	25.8	80	476.19	309.69	1.5	
12	31.0	70	597.22	383.33	1.7		26.6	77	541.68	355.20	1.7	
13	31.4	69	597.22	383.33	2.0		27.2	75	521.70	380.73	1.8	
14	31.3	70	552.78	363.89	1.8		27.6	73	475.08	377.40	1.9	
15	30.7	72	469.44	319.44	1.7		27.9	72	399.60	334.11	2.0	
16	29.8	74	361.11	261.11	1.5		28.1	72	301.92	256.41	2.0	
17	28.7	78	241.67	186.11	1.3		27.9	73	209.79	179.82	1.9	
18	27.7	81	130.56	108.33	1.2		27.5	76	98.79	89.91	1.8	
19	26.9	84	33.33	27.78	1.0		26.8	79	15.54	14.43	1.5	
20	26.4	86	0.00	0.00	1.0		26.0	83	0.00	0.00	1.2	
21	26.2	88	0.00	0.00	1.0		25.3	87	0.00	0.00	1.1	
22	26.1	89	0.00	0.00	1.0		24.7	89	0.00	0.00	1.0	
23	26.2	89	0.00	0.00	1.0		24.7	89	0.00	0.00	1.0	
日平均	27.4	81	343.06	239.29	1.0		25.0	85.2	152.99	115.76	1.3	

续表

城市	福 州						广 州					
北京时	干球温度/℃	相对湿度/（%）	水平总辐射照度/（W/m²）	水平散射辐射照度/（W/m²）	风速/（m/s）	主导风向	干球温度/℃	相对湿度/（%）	水平总辐射照度/（W/m²）	水平散射辐射照度/（W/m²）	风速/（m/s）	主导风向
0	27.5	80	0.00	0.00	1.0		26.2	89	0.00	0.00	0.3	
1	27.5	79	0.00	0.00	0.0		26.1	89	0.00	0.00	0.0	
2	27.6	78	0.00	0.00	0.0		26.1	88	0.00	0.00	0.3	
3	27.8	76	0.00	0.00	1.0		26.1	87	0.00	0.00	0.7	
4	28.1	75	0.00	0.00	1.0		26.3	85	0.00	0.00	1.0	
5	28.6	73	16.67	16.67	1.0		26.6	82	0.00	0.00	1.3	
6	29.2	71	122.22	83.33	2.0		27.0	80	38.89	33.33	1.7	
7	30.0	69	250.00	152.78	2.0		27.5	77	122.22	86.11	2.0	
8	30.9	66	383.33	213.89	2.0		28.2	74	216.67	133.33	2.0	
9	31.9	64	508.33	263.89	3.0		29.0	71	308.33	172.22	2.0	
10	32.9	61	605.56	300.00	3.0		29.7	68	388.89	202.78	2.0	
11	33.7	59	661.11	319.44	3.0	东南	30.4	66	444.44	225.00	2.0	东南
12	34.3	57	666.67	322.22	4.0		30.9	65	466.67	233.33	2.0	
13	34.5	57	622.22	305.56	4.0		31.1	64	450.00	227.78	2.0	
14	34.3	58	530.56	272.22	4.0		31.0	65	397.22	208.33	2.0	
15	33.8	59	411.11	222.22	4.0		30.7	66	319.44	175.00	2.0	
16	33.1	62	277.78	163.89	4.0		30.1	68	225.00	133.33	2.0	
17	32.2	65	150.00	97.22	4.0		29.4	71	130.56	83.33	2.0	
18	31.2	68	38.89	27.78	4.0		28.8	75	47.22	33.33	2.0	
19	30.3	71	0.00	0.00	4.0		28.1	78	0.00	0.00	2.0	
20	29.5	74	0.00	0.00	4.0		27.6	81	0.00	0.00	1.7	
21	28.9	77	0.00	0.00	4.0		27.1	85	0.00	0.00	1.3	
22	28.4	79	0.00	0.00	4.0		26.7	87	0.00	0.00	1.0	
23	28.0	80	0.00	0.00	3.0		26.4	90	0.00	0.00	0.7	
日平均	30.6	69	374.60	197.22	2.8		28.2	77	273.50	149.79	1.5	

城市	海 口						南 宁					
北京时	干球温度/℃	相对湿度/（%）	水平总辐射照度/（W/m²）	水平散射辐射照度/（W/m²）	风速/（m/s）	主导风向	干球温度/℃	相对湿度/（%）	水平总辐射照度/（W/m²）	水平散射辐射照度/（W/m²）	风速/（m/s）	主导风向
0	28.4	85	0.00	0.00	0.2		27.1	90	0.00	0.00	1.3	
1	28.2	85	0.00	0.00	0.0		26.9	90	0.00	0.00	1.0	
2	28.0	85	0.00	0.00	0.7		26.7	90	0.00	0.00	0.8	
3	27.9	85	0.00	0.00	1.3		26.5	90	0.00	0.00	0.7	
4	27.9	85	0.00	0.00	2.0		26.3	89	0.00	0.00	0.5	
5	28.0	84	0.00	0.00	2.7		26.2	89	0.00	0.00	0.3	
6	28.4	82	36.11	27.78	3.3		26.4	88	30.56	27.78	0.2	
7	29.0	80	144.44	88.89	4.0		26.7	86	161.11	97.22	0.0	
8	29.9	77	272.22	147.22	3.5		27.3	84	316.67	169.44	0.3	
9	30.9	73	402.78	202.78	3.0		28.1	82	475.00	230.56	0.7	
10	31.9	70	516.67	241.67	2.5	东南偏南	28.9	79	619.44	280.56	1.0	东南
11	32.8	67	600.00	272.22	2.0		29.7	77	727.78	316.67	1.3	
12	33.4	65	636.11	283.33	1.5		30.4	76	783.33	333.33	1.7	
13	33.5	65	622.22	280.56	1.0		30.8	75	775.00	333.33	2.0	
14	33.0	67	558.33	258.33	0.8		30.9	75	705.56	311.11	2.2	
15	32.2	70	455.56	222.22	0.7		30.7	77	586.11	272.22	2.3	
16	31.0	74	330.56	175.00	0.5		30.2	78	436.11	216.67	2.5	
17	29.7	78	200.00	113.89	0.3		29.7	81	275.00	147.22	2.7	
18	28.5	82	80.56	50.00	0.2		29.1	83	125.00	75.00	2.8	
19	27.6	86	0.00	0.00	0.0		28.6	85	0.00	0.00	3.0	
20	27.0	89	0.00	0.00	0.3		28.2	87	0.00	0.00	2.5	
21	26.8	90	0.00	0.00	0.7		27.8	88	0.00	0.00	2.0	
22	26.8	91	0.00	0.00	1.0		27.6	89	0.00	0.00	1.5	
23	26.9	92	0.00	0.00	1.3		27.3	90	0.00	0.00	1.0	
日平均	29.5	79	373.50	181.84	1.4		28.3	84	462.82	216.24	1.4	

续表

城市	贵 阳						昆 明					
北京时	干球温度/℃	相对湿度/（%）	水平总辐射照度/（W/m²）	水平散射辐射照度/（W/m²）	风速/（m/s）	主导风向	干球温度/℃	相对湿度/（%）	水平总辐射照度/（W/m²）	水平散射辐射照度/（W/m²）	风速/（m/s）	主导风向
0	22.7	82	0.00	0.00	1.4		18.7	88	0.00	0.00	1.4	
1	22.4	83	0.00	0.00	1.4		18.5	89	0.00	0.00	1.4	
2	22.2	84	0.00	0.00	1.4		18.3	89	0.00	0.00	1.3	
3	22.0	85	0.00	0.00	1.4		18.1	90	0.00	0.00	1.3	
4	21.7	86	0.00	0.00	1.3		17.9	90	0.00	0.00	1.2	
5	21.5	87	0.00	0.00	1.3		17.8	90	0.00	0.00	1.2	
6	21.4	87	0.00	0.00	1.5		17.7	91	0.00	0.00	1.3	
7	21.5	87	25.74	22.23	1.6		17.8	91	3.00	3.00	1.3	
8	21.9	85	122.85	105.30	1.8		18.1	89	105.00	89.00	1.4	
9	22.6	81	245.7	207.09	2.2		18.9	85	234.00	189.00	1.7	
10	23.5	77	361.53	297.18	2.6		19.7	81	358.00	275.00	2.1	
11	24.3	73	486.72	381.42	3.0	南	20.6	78	476.00	349.00	2.5	南
12	25.1	70	549.90	431.73	3.2		21.3	75	535.00	396.00	2.7	
13	25.8	67	553.41	443.43	3.3		21.8	74	531.00	408.00	2.8	
14	26.3	65	556.92	435.24	3.5		22.1	73	523.00	401.00	2.9	
15	26.7	63	489.06	389.61	3.5		22.4	72	458.00	364.00	3.0	
16	26.9	63	388.44	308.88	3.4		22.5	71	365.00	291.00	3.0	
17	26.8	63	291.33	224.64	3.3		22.4	72	274.00	215.00	3.0	
18	26.3	65	152.10	124.02	3.0		21.9	74	151.00	127.00	2.7	
19	25.6	68	29.25	25.74	2.6		21.2	77	35.00	32.00	2.4	
20	24.9	71	0.00	0.00	2.2		20.5	80	0.00	0.00	1.9	
21	24.2	75	0.00	0.00	2.0		19.8	83	0.00	0.00	1.8	
22	23.6	78	0.00	0.00	1.7		19.3	85	0.00	0.00	1.7	
23	23.1	80	0.00	0.00	1.4		19.0	87	0.00	0.00	1.5	
日平均	23.9	76	177.21	141.52	2.3		19.8	82.3	168.67	130.79	2.0	

181

续表

城市	西 宁						拉 萨					
北京时	干球温度/℃	相对湿度/(%)	水平总辐射照度/(W/m²)	水平散射辐射照度/(W/m²)	风速/(m/s)	主导风向	干球温度/℃	相对湿度/(%)	水平总辐射照度/(W/m²)	水平散射辐射照度/(W/m²)	风速/(m/s)	主导风向
0	12.3	91	0.00	0.00	0		16.3	56	0.00	0.00	3.0	
1	12.3	90	0.00	0.00	0		15.1	61	0.00	0.00	3.0	
2	12.1	90	0.00	0.00	0		13.9	66	0.00	0.00	3.0	
3	11.9	90	0.00	0.00	0		12.9	71	0.00	0.00	2.0	
4	11.7	90	0.00	0.00	0		12.1	75	0.00	0.00	2.0	
5	11.6	89	0.00	0.00	0		11.6	78	0.00	0.00	1.0	
6	11.8	87	36.11	36.11	0		11.5	79	0.00	0.00	1.0	
7	12.3	84	136.11	136.11	0		11.8	78	44.44	44.44	0.0	
8	13.2	80	255.56	225.00	0.3		12.6	74	175.00	161.11	0.0	
9	14.5	74	380.56	305.56	0.7		13.8	68	327.78	269.44	1.0	
10	15.9	68	500.00	377.78	1	东南	15.2	61	488.89	363.89	1.0	东
11	17.3	62	594.44	427.78	1.3		16.8	53	633.33	441.67	1.0	
12	18.5	56	652.78	455.56	1.7		18.3	46	744.44	497.22	2.0	
13	19.5	52	666.67	461.11	2		19.6	40	805.56	525.00	2.0	
14	20.1	49	633.33	441.67	2		20.6	36	805.56	525.00	2.0	
15	20.3	48	558.33	402.78	2		21.4	35	744.44	491.67	2.0	
16	20.2	48	452.78	341.67	2		21.9	34	636.11	436.11	2.0	
17	19.8	49	330.56	266.67	2		22.1	35	491.67	355.56	2.0	
18	19.2	51	205.56	177.78	2		22.2	36	333.33	261.11	2.0	
19	18.5	55	91.67	83.33	2		22.0	38	177.78	150.00	2.0	
20	17.7	59	0.00	0.00	1.8		21.7	39	47.22	38.89	2.0	
21	16.8	64	0.00	0.00	1.7		21.2	41	0.00	0.00	2.0	
22	15.9	70	0.00	0.00	1.5		20.6	42	0.00	0.00	3.0	
23	15.1	90	0.00	0.00	0		19.9	44	0.00	0.00	3.0	
日平均	15.8	70	392.46	295.63	1.1		17.3	54	514.09	263.69	1.8	

续表

城市	乌鲁木齐					
北京时	干球温度/℃	相对湿度（%）	水平总辐射照度/（W/m²）	水平散射辐射照度/（W/m²）	风速/（m/s）	主导风向
0	24.9	35	0.00	0.00	3.3	
1	23.6	37	0.00	0.00	3	
2	22.6	38	0.00	0.00	3	
3	21.9	39	0.00	0.00	3	
4	21.6	39	0.00	0.00	3	
5	21.6	39	0.00	0.00	3	
6	21.9	38	0.00	0.00	3	
7	22.7	36	47.22	22.22	3	
8	23.8	34	150.00	58.33	2.8	
9	25.2	32	272.22	97.22	2.7	
10	26.8	29	400.00	133.33	2.5	
11	28.3	27	519.44	163.89	2.3	西北
12	29.6	25	613.89	188.89	2.2	
13	30.7	24	672.22	202.78	2	
14	31.4	23	686.11	208.33	2.5	
15	31.6	23	650.00	200.00	3	
16	31.6	24	572.22	183.33	3.5	
17	31.3	25	466.67	158.33	4	
18	30.9	26	341.67	125.00	4.5	
19	30.3	28	213.89	86.11	5	
20	29.7	30	100.00	44.44	4.8	
21	29.0	32	5.56	5.56	4.7	
22	28.2	34	0.00	0.00	4.5	
23	27.5	36	0.00	0.00	4.3	
日平均	26.9	31	380.74	125.19	3.3	

附表A.2　各气候区夏季典型气象日气象参数

建筑气候区	Ⅰ A						Ⅰ B					
北京时	干球温度/℃	相对湿度/（%）	水平总辐射照度/（W/m²）	水平散射辐射照度/（W/m²）	风速/（m/s）	主导风向	干球温度/℃	相对湿度/（%）	水平总辐射照度/（W/m²）	水平散射辐射照度/（W/m²）	风速/（m/s）	主导风向
0	12.5	99	0.00	0.00	2.0		16.3	98	0.00	0.00	0.3	
1	13.3	99	0.00	0.00	0.0		16.2	98	0.00	0.00	0.0	
2	14.0	100	0.00	0.00	0.3		16.1	98	0.00	0.00	0.3	
3	13.8	100	0.00	0.00	1.0		16.0	98	0.00	0.00	0.7	
4	13.9	100	23.32	1.61	0.0		16.1	97	0.00	0.00	1.0	
5	13.7	100	2.78	2.78	0.0		16.4	96	22.22	22.22	1.3	
6	13.9	100	13.89	10.10	0.0		16.9	94	105.56	83.33	1.7	
7	14.3	98	100.00	31.50	0.0		17.8	90	205.56	144.44	2.0	
8	14.9	92	113.89	75.60	0.0		19.1	85	316.67	205.56	2.0	
9	15.8	85	172.22	92.22	0.0		20.6	79	427.78	258.33	2.0	
10	17.0	78	238.89	138.89	1.0		22.2	73	525.00	300.00	2.0	东南偏南
11	18.5	71	475.00	197.22	2.0	西	23.7	68	600.00	336.11	2.0	
12	21.4	65	827.78	237.78	2.0		24.9	64	638.89	350.00	2.0	
13	23.7	62	850.00	213.33	2.0		25.7	63	636.11	347.22	2.0	
14	24.6	62	813.89	167.78	0.0		25.9	64	594.44	330.56	1.7	
15	25.2	65	722.22	97.78	2.0		25.7	68	519.44	297.22	1.3	
16	26.0	69	597.22	61.11	1.0		25.0	73	422.22	252.78	1.0	
17	26.0	75	450.00	58.33	1.0		24.1	79	311.11	197.22	0.7	
18	26.1	81	286.11	44.44	0.0		22.9	85	200.00	136.11	0.3	
19	25.1	86	130.56	25.00	1.0		21.6	90	100.00	72.22	0.0	
20	20.6	90	16.67	2.78	2.0		20.3	94	16.67	11.11	0.0	
21	16.9	93	0.00	0.00	0.0		19.0	96	0.00	0.00	0.0	
22	14.1	96	0.00	0.00	1.0		17.8	97	0.00	0.00	0.0	
23	13.7	97	0.00	0.00	3.0		16.7	98	0.00	0.00	0.0	
日平均	18.3	86	343.20	85.80	0.9		20.3	85	352.60	209.03	1.0	

续表

建筑气候区	I C						I D					
北京时	干球温度/℃	相对湿度/（%）	水平总辐射照度/（W/m²）	水平散射辐射照度/（W/m²）	风速/（m/s）	主导风向	干球温度/℃	相对湿度/（%）	水平总辐射照度/（W/m²）	水平散射辐射照度/（W/m²）	风速/（m/s）	主导风向
0	19.7	85	0.00	0.00	2.0		18.1	55	0.00	0.00	2.0	
1	19.6	85	0.00	0.00	2.0		17.5	56	0.00	0.00	2.0	
2	19.9	84	0.00	0.00	2.2		17.2	56	0.00	0.00	2.0	
3	20.5	82	0.00	0.00	2.3		17.1	56	0.00	0.00	2.0	
4	21.5	79	38.89	38.89	2.5		17.3	55	0.00	0.00	2.0	
5	22.6	75	116.67	116.67	2.7		17.8	54	25.00	13.89	2.0	
6	23.9	71	211.11	191.67	2.8		18.5	52	127.78	52.78	2.0	
7	25.3	67	311.11	250.00	3.0		19.4	49	252.78	100.00	2.0	
8	26.7	63	408.33	300.00	3.3		20.5	46	383.33	136.11	2.0	
9	28.0	59	488.89	336.11	3.7		21.7	43	513.89	175.00	2.0	
10	29.1	56	544.44	358.33	4.0		22.9	40	619.44	200.00	2.0	
11	29.9	54	566.67	363.89	4.3	南	24.0	37	694.44	222.22	2.0	北
12	30.4	53	552.78	361.11	4.7		25.0	34	719.44	227.78	2.0	
13	30.5	53	505.56	338.89	5.0		25.8	33	697.22	225.00	2.0	
14	30.1	54	430.56	305.56	4.7		26.3	33	630.56	211.11	2.0	
15	29.2	57	336.11	255.56	4.3		26.4	33	525.00	183.33	2.0	
16	28.0	60	236.11	194.44	4.0		26.3	35	397.22	150.00	2.0	
17	26.7	65	138.89	122.22	3.7		26.0	37	263.89	108.33	1.0	
18	25.3	69	55.56	55.56	3.3		25.4	39	138.89	63.89	1.0	
19	24.0	74	0.00	0.00	3.0		24.7	41	33.33	19.44	1.0	
20	22.8	79	0.00	0.00	3.0		23.8	43	0.00	0.00	1.0	
21	21.9	83	0.00	0.00	3.0		22.8	45	0.00	0.00	2.0	
22	21.1	87	0.00	0.00	3.0		21.8	47	0.00	0.00	2.0	
23	20.5	90	0.00	0.00	3.0		20.9	49	0.00	0.00	2.0	
日平均	24.9	70	329.44	239.26	3.3		22.0	44	401.48	139.26	1.8	

续表

建筑气候区	ⅡA						ⅡB					
北京时	干球温度/℃	相对湿度/（%）	水平总辐射照度/（W/m²）	水平散射辐射照度/（W/m²）	风速/（m/s）	主导风向	干球温度/℃	相对湿度/（%）	水平总辐射照度/（W/m²）	水平散射辐射照度/（W/m²）	风速/（m/s）	主导风向
0	29.3	68	0.00	0.00	3.7		22.0	28	0.00	0.00	0.0	
1	29.0	69	0.00	0.00	4.0		21.3	26	0.00	0.00	0.0	
2	28.8	69	0.00	0.00	3.7		20.8	24	0.00	0.00	1.0	
3	28.8	69	0.00	0.00	3.3		20.5	23	0.00	0.00	1.0	
4	28.9	68	0.00	0.00	3.0		20.5	21	0.00	0.00	2.0	
5	29.2	67	19.44	19.44	2.7		20.8	20	36.11	36.11	2.0	
6	29.7	66	105.56	77.78	2.3		21.3	20	158.33	111.11	3.0	
7	30.4	64	211.11	138.89	2.0		22.1	19	297.22	183.33	3.0	
8	31.3	62	319.44	191.67	2.5		23.2	18	444.44	250.00	3.0	
9	32.2	60	425.00	236.11	3.0		24.5	18	580.56	308.33	3.0	
10	33.1	57	508.33	269.44	3.5	西南偏南	25.8	18	686.11	350.00	2.0	东
11	33.9	56	561.11	288.89	4.0		27.0	18	747.22	372.22	2.0	
12	34.5	54	575.00	294.44	4.5		28.1	20	750.00	372.22	2.0	
13	34.8	54	547.22	286.11	5.0		28.9	22	700.00	352.78	2.0	
14	34.7	54	480.56	258.33	4.5		29.3	26	600.00	316.67	2.0	
15	34.2	56	386.11	216.67	4.0		29.3	30	469.44	261.11	2.0	
16	33.6	58	277.78	166.67	3.5		29.1	35	322.22	194.44	2.0	
17	32.7	60	169.44	111.11	3.0		28.6	40	177.78	116.67	2.0	
18	31.9	62	72.22	50.00	2.5		28.0	44	52.78	36.11	2.0	
19	31.1	64	0.00	0.00	2.0		27.3	47	0.00	0.00	2.0	
20	30.4	66	0.00	0.00	2.2		26.6	49	0.00	0.00	2.0	
21	29.9	67	0.00	0.00	2.3		26.0	49	0.00	0.00	1.0	
22	29.5	68	0.00	0.00	2.5		25.3	48	0.00	0.00	1.0	
23	29.2	69	0.00	0.00	2.7		24.8	47	0.00	0.00	1.0	
日平均	31.3	63	332.74	186.11	3.2		25.0	30	430.16	232.94	1.8	

建筑气候区	ⅢA						ⅢB					
北京时	干球温度/℃	相对湿度/（%）	水平总辐射照度/（W/m²）	水平散射辐射照度/（W/m²）	风速/（m/s）	主导风向	干球温度/℃	相对湿度/（%）	水平总辐射照度/（W/m²）	水平散射辐射照度/（W/m²）	风速/（m/s）	主导风向
0	25.3	85	0.00	0.00	2.3		26.6	90	0.00	0.00	4.0	
1	25.3	85	0.00	0.00	2.0		26.2	91	0.00	0.00	4.0	
2	25.3	85	0.00	0.00	2.0		25.9	92	0.00	0.00	4.0	
3	25.3	85	0.00	0.00	2.0		25.7	91	0.00	0.00	4.0	
4	25.3	85	0.00	0.00	2.0		25.6	90	0.00	0.00	4.0	
5	25.5	84	0.00	0.00	2.0		25.7	89	0.00	0.00	3.0	
6	25.8	83	88.89	47.22	2.0		26.0	86	100.00	66.67	3.0	
7	26.4	81	213.89	100.00	2.0		26.6	83	222.22	127.78	3.0	
8	27.2	78	347.22	147.22	2.7		27.4	79	352.78	183.33	3.0	
9	28.1	75	477.78	188.89	3.3		28.3	75	477.78	230.56	4.0	
10	29.1	72	580.56	216.67	4.0		29.2	71	580.56	266.67	4.0	
11	30.0	69	644.44	236.11	4.7	东南	30.1	68	644.44	286.11	4.0	南
12	30.6	67	658.33	241.67	5.3		30.8	65	658.33	291.67	5.0	
13	30.9	66	619.44	233.33	6.0		31.1	64	622.22	280.56	5.0	
14	30.7	67	530.56	208.33	5.2		31.0	64	541.67	252.78	5.0	
15	30.2	69	411.11	172.22	4.3		30.7	66	427.78	211.11	5.0	
16	29.4	72	277.78	127.78	3.5		30.1	68	300.00	161.11	5.0	
17	28.5	76	147.22	75.00	2.7		29.4	72	169.44	100.00	5.0	
18	27.6	80	33.33	19.44	1.8		28.7	75	55.56	36.11	5.0	
19	26.7	84	0.00	0.00	1.0		28.1	78	0.00	0.00	5.0	
20	26.0	87	0.00	0.00	1.3		27.7	81	0.00	0.00	5.0	
21	25.5	90	0.00	0.00	1.7		27.5	83	0.00	0.00	5.0	
22	25.1	92	0.00	0.00	2.0		27.4	85	0.00	0.00	5.0	
23	24.7	94	0.00	0.00	2.3		27.4	86	0.00	0.00	4.0	
日平均	27.3	80	386.97	154.91	2.8		28.1	79	396.37	191.88	4.3	

续表

建筑气候区	ⅢC					
北京时	干球温度/℃	相对湿度/（%）	水平总辐射照度/（W/m²）	水平散射辐射照度/（W/m²）	风速/（m/s）	主导风向
0	23.7	93	0.00	0.00	1.0	
1	23.6	94	0.00	0.00	1.0	
2	23.4	94	0.00	0.00	0.8	
3	23.3	94	0.00	0.00	0.7	
4	23.1	93	0.00	0.00	0.5	
5	23.1	91	0.00	0.00	0.3	
6	23.3	89	13.89	13.89	0.2	
7	23.7	87	100.00	100.00	0.0	
8	24.4	85	202.78	175.00	0.3	
9	25.3	82	313.89	241.67	0.7	
10	26.3	80	416.67	300.00	1.0	西北偏北
11	27.2	78	500.00	341.67	1.3	
12	28.0	76	547.22	363.89	1.7	
13	28.6	75	555.56	363.89	2.0	
14	28.8	75	519.44	347.22	2.0	
15	28.7	75	447.22	308.33	2.0	
16	28.4	76	350.00	252.78	2.0	
17	27.9	78	241.67	188.89	2.0	
18	27.4	80	133.33	111.11	2.0	
19	26.8	82	41.67	36.11	2.0	
20	26.3	85	0.00	0.00	1.8	
21	25.8	87	0.00	0.00	1.7	
22	25.4	90	0.00	0.00	1.5	
23	25.0	92	0.00	0.00	1.3	
日平均	25.7	85	313.10	224.60	1.2	

续表

建筑气候区	ⅣA						ⅣB					
北京时	干球温度/℃	相对湿度/（%）	水平总辐射照度/（W/m²）	水平散射辐射照度/（W/m²）	风速/（m/s）	主导风向	干球温度/℃	相对湿度/（%）	水平总辐射照度/（W/m²）	水平散射辐射照度/（W/m²）	风速/（m/s）	主导风向
0	26.2	89	0.00	0.00	0.3		27.1	90	0.00	0.00	1.3	
1	26.1	89	0.00	0.00	0.0		26.9	90	0.00	0.00	1.0	
2	26.1	88	0.00	0.00	0.3		26.7	90	0.00	0.00	0.8	
3	26.1	87	0.00	0.00	0.7		26.5	90	0.00	0.00	0.7	
4	26.3	85	0.00	0.00	1.0		26.3	89	0.00	0.00	0.5	
5	26.6	82	0.00	0.00	1.3		26.2	89	0.00	0.00	0.3	
6	27.0	80	38.89	33.33	1.7		26.4	88	30.56	27.78	0.2	
7	27.5	77	122.22	86.11	2.0		26.7	86	161.11	97.22	0.0	
8	28.2	74	216.67	133.33	2.0		27.3	84	316.67	169.44	0.3	
9	29.0	71	308.33	172.22	2.0		28.1	82	475.00	230.56	0.7	
10	29.7	68	388.89	202.78	2.0		28.9	79	619.44	280.56	1.0	
11	30.4	66	444.44	225.00	2.0	东南	29.7	77	727.78	316.67	1.3	东南
12	30.9	65	466.67	233.33	2.0		30.4	76	783.33	333.33	1.7	
13	31.1	64	450.00	227.78	2.0		30.8	75	775.00	333.33	2.0	
14	31.0	65	397.22	208.33	2.0		30.9	75	705.56	311.11	2.2	
15	30.7	66	319.44	175.00	2.0		30.7	77	586.11	272.22	2.3	
16	30.1	68	225.00	133.33	2.0		30.2	78	436.11	216.67	2.5	
17	29.4	71	130.56	83.33	2.0		29.7	81	275.00	147.22	2.7	
18	28.8	75	47.22	33.33	2.0		29.1	83	125.00	75.00	2.8	
19	28.1	78	0.00	0.00	2.0		28.6	85	0.00	0.00	3.0	
20	27.6	81	0.00	0.00	1.7		28.2	87	0.00	0.00	2.5	
21	27.1	85	0.00	0.00	1.3		27.8	88	0.00	0.00	2.0	
22	26.7	87	0.00	0.00	1.0		27.6	89	0.00	0.00	1.5	
23	26.4	90	0.00	0.00	0.7		27.3	90	0.00	0.00	1.0	
日平均	28.2	77	273.50	149.79	1.5		28.3	84	462.82	216.24	1.4	

续表

建筑气候区	VA						VB					
北京时	干球温度/℃	相对湿度/（%）	水平总辐射照度/（W/m²）	水平散射辐射照度/（W/m²）	风速/（m/s）	主导风向	干球温度/℃	相对湿度/（%）	水平总辐射照度/（W/m²）	水平散射辐射照度/（W/m²）	风速/（m/s）	主导风向
0	23.7	82	0.00	0.00	3.8		18.2	96	0.00	0.00	1.0	
1	23.2	84	0.00	0.00	4.0		18.2	95	0.00	0.00	1.0	
2	22.8	85	0.00	0.00	3.8		18.1	95	0.00	0.00	1.0	
3	22.5	85	0.00	0.00	3.7		17.9	94	0.00	0.00	1.0	
4	22.3	84	0.00	0.00	3.5		17.8	94	0.00	0.00	2.0	
5	22.4	83	0.00	0.00	3.3		17.7	94	0.00	0.00	2.0	
6	22.6	80	16.67	16.67	3.2		17.8	93	0.00	0.00	2.0	
7	23.1	77	111.11	111.11	3.0		18.1	92	50.00	50.00	2.0	
8	23.9	73	225.00	225.00	3.2		18.7	90	133.33	133.33	2.0	
9	24.8	69	341.67	333.33	3.3		19.4	87	227.78	227.78	2.0	
10	25.8	65	450.00	408.33	3.5		20.3	85	319.44	297.22	3.0	
11	26.8	61	533.33	461.11	3.7	南	21.1	82	397.22	344.44	3.0	西南
12	27.5	58	577.78	483.33	3.8		21.8	80	447.22	375.00	3.0	
13	28.0	57	577.78	483.33	4.0		22.3	79	466.67	386.11	3.0	
14	28.1	57	533.33	452.78	3.7		22.5	79	450.00	375.00	3.0	
15	27.9	59	450.00	397.22	3.3		22.4	80	397.22	338.89	3.0	
16	27.4	62	341.67	319.44	3.0		22.2	81	319.44	286.11	3.0	
17	26.8	66	222.22	222.22	2.7		21.8	83	230.56	222.22	3.0	
18	26.2	69	111.11	111.11	2.3		21.3	85	136.11	136.11	3.0	
19	25.6	73	16.67	13.89	2.0		20.8	87	52.78	52.78	3.0	
20	25.1	76	0.00	0.00	1.7		20.4	89	0.00	0.00	3.0	
21	24.8	78	0.00	0.00	1.3		20.0	90	0.00	0.00	3.0	
22	24.5	80	0.00	0.00	1.0		19.6	92	0.00	0.00	3.0	
23	24.3	82	0.00	0.00	0.7		19.3	93	0.00	0.00	2.0	
日平均	25.0	72	322.02	288.49	3.0		19.9	88	279.06	248.08	2.4	

续表

建筑气候区	ⅦA						ⅦB					
北京时	干球温度/℃	相对湿度/（%）	水平总辐射照度/（W/m²）	水平散射辐射照度/（W/m²）	风速/（m/s）	主导风向	干球温度/℃	相对湿度/（%）	水平总辐射照度/（W/m²）	水平散射辐射照度/（W/m²）	风速/（m/s）	主导风向
0	13.6	47	0.00	0.00	6.0	西	6.9	77	0.00	0.00	5.0	东
1	13.5	47	0.00	0.00	6.0		6.2	79	0.00	0.00	5.0	
2	13.3	47	0.00	0.00	6.0		5.5	81	0.00	0.00	4.2	
3	13.0	47	0.00	0.00	5.0		5.0	83	0.00	0.00	3.3	
4	12.7	47	0.00	0.00	5.0		4.6	84	0.00	0.00	2.5	
5	12.5	47	0.00	0.00	4.0		4.5	84	0.00	0.00	1.7	
6	12.5	46	0.00	0.00	4.0		4.8	83	0.00	0.00	0.8	
7	12.8	44	86.11	55.56	3.0		5.5	81	105.56	86.11	0.0	
8	13.4	41	236.11	130.56	3.0		6.7	77	244.44	175.00	1.3	
9	14.4	38	405.56	200.00	3.0		8.1	72	394.44	258.33	2.7	
10	15.5	35	575.00	261.11	3.0		9.6	67	547.22	333.33	4.0	
11	16.8	32	722.22	308.33	3.0		11.0	63	677.78	391.67	5.3	
12	18.1	28	830.56	344.44	3.0		12.1	61	769.44	427.78	6.7	
13	19.4	26	883.33	363.89	3.0		12.6	60	808.33	444.44	8.0	
14	20.6	24	869.44	358.33	3.0		12.4	62	788.89	433.33	7.3	
15	21.5	24	791.67	338.89	3.0		11.6	67	713.89	402.78	6.7	
16	22.3	24	663.89	297.22	3.0		10.5	72	597.22	352.78	6.0	
17	22.7	24	502.78	238.89	3.0		9.2	78	450.00	280.56	5.3	
18	22.7	26	330.56	169.44	3.0		8.0	83	297.22	200.00	4.7	
19	22.3	28	169.44	94.44	3.0		7.1	87	152.78	111.11	4.0	
20	21.4	31	30.56	19.44	3.0		6.6	88	30.56	22.22	3.3	
21	20.2	34	0.00	0.00	2.0		6.4	88	0.00	0.00	2.7	
22	18.7	37	0.00	0.00	2.0		6.5	86	0.00	0.00	2.0	
23	17.0	40	0.00	0.00	2.0		6.7	84	0.00	0.00	1.3	
日平均	17.1	36	506.94	227.18	3.5		7.8	77	469.84	279.96	3.9	

建筑气候区	ⅥC					
北京时	干球温度/℃	相对湿度/（％）	水平总辐射照度/（W/m²）	水平散射辐射照度/（W/m²）	风速/（m/s）	主导风向
0	18.5	42	0.00	0.00	3.0	
1	17.2	45	0.00	0.00	3.0	
2	16.0	48	0.00	0.00	3.0	
3	14.9	51	0.00	0.00	2.0	
4	14.1	54	0.00	0.00	2.0	
5	13.5	56	0.00	0.00	1.0	
6	13.3	57	0.00	0.00	1.0	
7	13.5	57	44.44	44.44	0.0	
8	14.2	55	175.00	161.11	0.0	
9	15.3	53	327.78	269.44	1.0	
10	16.6	49	488.89	363.89	1.0	
11	17.9	45	633.33	441.67	1.0	东
12	19.2	42	744.44	497.22	2.0	
13	20.3	39	805.56	525.00	2.0	
14	21.0	37	805.56	525.00	2.0	
15	21.4	37	744.44	491.67	2.0	
16	21.5	37	636.11	436.11	2.0	
17	21.3	39	491.67	355.56	2.0	
18	20.8	41	333.33	261.11	2.0	
19	20.1	45	177.78	150.00	2.0	
20	19.2	50	47.22	38.89	2.0	
21	18.2	55	0.00	0.00	2.0	
22	17.1	60	0.00	0.00	3.0	
23	16.0	66	0.00	0.00	3.0	
日平均	17.5	48	461.11	325.79	1.8	

建筑气候区	ⅦA						ⅦB					
北京时	干球温度/℃	相对湿度/（%）	水平总辐射照度/（W/m²）	水平散射辐射照度/（W/m²）	风速/（m/s）	主导风向	干球温度/℃	相对湿度/（%）	水平总辐射照度/（W/m²）	水平散射辐射照度/（W/m²）	风速/（m/s）	主导风向
0	24.9	42	0.00	0.00	3.7		25.1	36	0.00	0.00	3.3	
1	24.2	44	0.00	0.00	4		23.8	37	0.00	0.00	3.0	
2	23.5	45	0.00	0.00	3.8		22.8	38	0.00	0.00	3.0	
3	23.0	45	0.00	0.00	3.7		22.2	38	0.00	0.00	3.0	
4	22.7	44	0.00	0.00	3.5		22.0	37	0.00	0.00	3.0	
5	22.5	42	0.00	0.00	3.3		22.2	36	0.00	0.00	3.0	
6	22.6	40	0.00	0.00	3.2		22.8	34	0.00	0.00	3.0	
7	23.0	38	55.56	44.44	3		23.8	32	47.22	22.22	3.0	
8	23.7	35	150.00	100.00	2.8		25.2	30	150.00	58.33	2.8	
9	24.6	33	261.11	158.33	2.7		26.8	28	272.22	97.22	2.7	
10	25.7	30	377.78	211.11	2.5		28.3	26	400.00	133.33	2.5	
11	26.9	28	488.89	258.33	2.3	西北	29.6	25	519.44	163.89	2.3	西北
12	28.0	26	580.56	294.44	2.2		30.4	26	613.89	188.89	2.2	
13	29.0	24	638.89	316.67	2		30.6	28	672.22	202.78	2.0	
14	29.8	23	655.56	322.22	3		29.9	32	686.11	208.33	2.5	
15	30.5	22	633.33	316.67	4		28.6	38	650.00	200.00	3.0	
16	30.8	22	569.44	291.67	4		26.8	44	572.22	183.33	3.5	
17	30.9	22	475.00	252.78	4.3		24.9	50	466.67	158.33	4.0	
18	30.8	22	363.89	205.56	4.7		23.1	57	341.67	125.00	4.5	
19	30.3	23	247.22	150.00	5		21.6	62	213.89	86.11	5.0	
20	29.5	24	136.11	86.11	4.3		20.6	66	100.00	44.44	4.8	
21	28.5	26	44.44	30.56	3.7		20.1	69	5.56	5.56	4.7	
22	27.4	28	0.00	0.00	3		19.9	70	0.00	0.00	4.5	
23	26.2	30	0.00	0.00	2.3		19.8	71	0.00	0.00	4.3	
日平均	26.6	32	378.52	202.59	3.4		24.6	42	450.56	83.15	3.3	

续表

建筑气候区	ⅦC						ⅦD					
北京时	干球温度/℃	相对湿度/(%)	水平总辐射照度/(W/m²)	水平散射辐射照度/(W/m²)	风速/(m/s)	主导风向	干球温度/℃	相对湿度/(%)	水平总辐射照度/(W/m²)	水平散射辐射照度/(W/m²)	风速/(m/s)	主导风向
0	22.4	54	0.00	0.00	2.2		32.3	28	0.00	0.00	2.0	
1	21.0	60	0.00	0.00	2.0		31.2	31	0.00	0.00	2.0	
2	19.7	65	0.00	0.00	2.3		30.0	34	0.00	0.00	2.0	
3	18.5	69	0.00	0.00	2.7		28.7	37	0.00	0.00	1.0	
4	17.6	72	0.00	0.00	3.0		27.6	40	0.00	0.00	1.0	
5	17.0	74	27.78	16.67	3.3		26.7	43	91.67	47.22	1.0	
6	16.9	73	138.89	61.11	3.7		26.2	44	211.11	100.00	0.0	
7	17.2	71	275.00	111.11	4.0		26.2	44	344.44	147.22	0.0	
8	18.1	66	419.44	155.56	3.3		26.9	42	483.33	194.44	0.0	
9	19.4	60	561.11	197.22	2.7		28.0	39	608.33	233.33	1.0	
10	21.0	53	683.33	230.56	2.0		29.5	35	705.56	261.11	1.0	
11	22.7	45	766.67	250.00	1.3	东	31.2	31	761.11	275.00	1.0	西
12	24.3	38	802.78	263.89	0.7		32.7	27	766.67	277.78	2.0	
13	25.7	33	783.33	261.11	0.0		34.1	24	722.22	269.44	2.0	
14	26.7	30	711.11	244.44	0.3		35.1	22	633.33	241.67	2.0	
15	27.3	28	600.00	216.67	0.7		35.7	22	513.89	205.56	2.0	
16	27.6	29	461.11	177.78	1.0		36.0	23	377.78	161.11	3.0	
17	27.4	31	313.89	130.56	1.3		35.9	24	241.67	113.89	3.0	
18	26.9	34	175.00	77.78	1.7		35.7	26	116.67	58.33	3.0	
19	26.0	38	55.56	27.78	2.0		35.2	28	13.89	8.33	3.0	
20	24.8	43	0.00	0.00	2.0		34.6	30	0.00	0.00	3.0	
21	23.3	48	0.00	0.00	2.0		33.8	32	0.00	0.00	3.0	
22	21.7	53	0.00	0.00	2.0		32.8	35	0.00	0.00	3.0	
23	20.1	57	0.00	0.00	2.0		31.7	37	0.00	0.00	2.0	
日平均	22.2	51	451.67	161.48	2.0		31.6	32	439.44	172.96	1.8	

194

附录B 居住区遮阳体的太阳辐射透射比 *SRT*、对流得热比例 *C*

附表 **B.1** 居住区遮阳体的太阳辐射透射比 *SRT*、对流得热比例 *C*

类型	遮阳体	特　征	*SRT*	*C*
植物遮阳	乔木的树冠（树冠投影轮廓按圆形计算）	树冠茂密，树冠地面投影面积上的 $LAI > 3.0$	0.10	0.70
		树冠较茂密，树冠地面投影面积上的 $2.0 < LAI \leqslant 3.0$	0.20	
		树冠较稀疏，树冠地面投影面积上的 $1.0 < LAI \leqslant 2.0$	0.40	
		树冠稀疏，树冠地面投影面积上的 $0.5 < LAI \leqslant 1.0$	0.60	
		树冠很稀疏，树冠地面投影面积上的 $LAI \leqslant 0.5$	0.70	
	爬藤的棚架（含格栅）	爬藤茂密，棚架地面投影面积上的 $LAI > 3.0$	0.15	
		爬藤较茂密，棚架地面投影面积上的 $2.0 < LAI \leqslant 3.0$	0.25	
		爬藤较稀疏，棚架地面投影面积上的 $1.0 < LAI \leqslant 2.0$	0.45	
		爬藤稀疏，棚架地面投影面积上的 $0.5 < LAI \leqslant 1.0$	0.65	
		爬藤很稀疏，棚架地面投影面积上的 $LAI \leqslant 0.5$	0.75	

类型	遮阳体	特 征	SRT	C
构筑物遮阳	玻璃、阳光板、卡布隆的棚盖（无遮阳网/有遮阳网）	棚盖材料可见透射比≤30%	0.35/0.20	0.80
		棚盖材料可见透射比＞30%且≤50%	0.55/0.30	
		棚盖材料可见透射比＞50%且≤70%	0.75/0.45	
		棚盖材料可见透射比＞70%	0.85/0.50	
	张拉膜的棚盖	膜材料可见透射比≤30%	0.30	
		膜材料可见透射比＞30%且≤50%	0.50	
		膜材料可见透射比＞50%且≤70%	0.70	
		膜材料可见透射比＞70%	0.80	
	格栅棚架（无植物）	地面棚架投影轮廓面内光斑面占比≤30%	0.30	
		地面棚架投影轮廓面内光斑面占比＞30%且≤50%	0.50	
		地面棚架投影轮廓面内光斑面占比＞50%且≤70%	0.70	
		地面棚架投影轮廓面内光斑面占比＞70%	0.80	
	金属棚盖	无隔热层	0.25	
		有隔热层	0.15	
	混凝土棚盖	无隔热层	0.20	
		有隔热层	0.15	

附录C 居住区渗透面夏季逐时蒸发量

附表C.1 居住区渗透面夏季逐时蒸发量　　　　单位：kg/（m²·h）

时刻	Ⅰ、Ⅱ、Ⅵ、Ⅶ气候区				Ⅲ、Ⅳ、Ⅴ气候区			
	水面	绿地	渗透型硬地	绿化屋面	水面	绿地	渗透型硬地	绿化屋面
h	m_S	m_{LD}	m_{YD}	m_B	m_S	m_{LD}	m_{YD}	m_B
0	0.14	0.28	0.10	0.22	0.09	0.24	0.07	0.19
1	0.12	0.20	0.10	0.16	0.10	0.19	0.06	0.15
2	0.12	0.19	0.07	0.16	0.08	0.15	0.06	0.12
3	0.10	0.18	0.08	0.15	0.08	0.14	0.05	0.11
4	0.11	0.21	0.07	0.17	0.09	0.13	0.05	0.11
5	0.16	0.26	0.10	0.20	0.07	0.16	0.05	0.13
6	0.28	0.35	0.12	0.28	0.18	0.22	0.08	0.18
7	0.45	0.44	0.14	0.35	0.34	0.33	0.09	0.26
8	0.65	0.56	0.14	0.45	0.52	0.43	0.10	0.34
9	0.86	0.65	0.14	0.52	0.75	0.53	0.10	0.42
10	1.02	0.69	0.14	0.55	0.89	0.55	0.10	0.44
11	1.15	0.65	0.12	0.52	1.05	0.54	0.10	0.43
12	1.18	0.59	0.09	0.47	1.11	0.50	0.09	0.40
13	1.15	0.52	0.07	0.42	1.03	0.43	0.09	0.35
14	1.05	0.40	0.07	0.32	0.92	0.34	0.06	0.27
15	0.93	0.35	0.04	0.28	0.78	0.29	0.04	0.23
16	0.75	0.25	0.03	0.20	0.60	0.22	0.04	0.17
17	0.60	0.21	0.03	0.17	0.39	0.16	0.02	0.13
18	0.51	0.17	0.02	0.14	0.28	0.12	0.02	0.09
19	0.33	0.14	0.01	0.11	0.20	0.10	0.01	0.08

时刻	I、II、VI、VII气候区				III、IV、V气候区			
	水面	绿地	渗透型硬地	绿化屋面	水面	绿地	渗透型硬地	绿化屋面
h	m_S	m_{LD}	m_{YD}	m_B	m_S	m_{LD}	m_{YD}	m_B
20	0.29	0.12	0.00	0.09	0.15	0.07	0.01	0.06
21	0.22	0.11	0.01	0.09	0.14	0.07	0.00	0.05
22	0.18	0.08	0.01	0.06	0.11	0.07	0.01	0.05
23	0.15	0.10	0.00	0.08	0.11	0.05	0.00	0.04
日累计	12.52	7.69	1.69	6.15	10.06	6.03	1.32	4.82

附录D 典型城市平均热岛强度统计时间表

附表 D.1　典型城市平均热岛强度统计时间表

城市	经度/°	地方太阳时/时	北京时/时	平均热岛强度的统计时段（北京时）$\tau_1—\tau_2$
北京	116.317	12	12.354	8:00—18:00
长春	125.333	12	11.752	8:00—18:00
长沙	113.000	12	12.575	9:00—19:00
成都	104.067	12	13.170	9:00—19:00
福州	119.300	12	12.155	8:00—18:00
广州	113.217	12	12.560	9:00—19:00
贵阳	106.700	12	12.995	9:00—19:00
哈尔滨	126.633	12	11.666	8:00—18:00
海口	110.333	12	12.752	9:00—19:00
杭州	120.167	12	12.119	8:00—18:00
合肥	117.300	12	12.288	8:00—18:00
呼和浩特	111.683	12	12.662	9:00—19:00
济南	117.000	12	12.308	8:00—18:00
昆明	102.717	12	13.260	9:00—19:00
拉萨	91.133	12	14.032	10:00—20:00
兰州	103.783	12	13.189	9:00—19:00
南昌	115.917	12	12.380	8:00—18:00
南京	118.783	12	12.189	8:00—18:00
南宁	108.300	12	12.888	9:00—19:00
上海	121.433	12	12.204	8:00—18:00
沈阳	123.433	12	11.879	8:00—18:00
石家庄	114.500	12	12.475	8:00—18:00

续表

城市	经度/°	地方太阳时/时	北京时/时	平均热岛强度的统计 时段（北京时）τ_1—τ_2
太原	112.567	12	12.604	9:00—19:00
天津	117.167	12	12.297	8:00—18:00
乌鲁木齐	87.617	12	14.267	10:00—20:00
武汉	114.283	12	12.489	8:00—18:00
西安	108.917	12	12.847	9:00—19:00
西宁	101.750	12	13.325	9:00—19:00
银川	106.267	12	13.024	9:00—19:00
郑州	113.650	12	12.531	9:00—19:00
重庆	106.550	12	13.005	9:00—19:00